TRAICTÉ
DES SIGNATVRES,
OV VRAYE ET VIVE
ANATOMIE DV GRAND
& petit monde.

TRAICTE

DES SIGNATVRES, OV
vraye Anatomie du grand
& petit monde.

La mienne volonté que les Botaniques de noſtre temps, leſquels ignorans la forme interne des herbes, n'en recognoiſſent que la ſubſtance materielle, employaſſent auſſi bien leur eſtude à la cognoiſſance de leurs ſignatures, qu'ils font pour l'ordinaire à la denomination d'icelles; ſur quoy ils fondent vne infinité de vaines diſputes, leſquelles ne ſçauroient apporter aucun proffit à la republique de Medecine. Mais comme pluſieurs (choſe qui arriue en toute ſorte d'arts) ayans laiſſé la moüelle, & noyau de la ſcience (à la façon du vulgaire, lequel ne viſe qu'à l'exterieur) ne ſe veulent occuper qu'autour de l'amertume de l'eſcorce, il arriue qu'il ſe treuue vne infinité de nomenclateurs herboriſtes, leſquels ne ſe meſlent d'autre choſe que de deſcrire les lieux, noms, & eſcorces des plantes; diſant que c'eſt là où eſt toute leur force, ſans ſe prendre garde que le vray &

exacte medecin se doit plustost arrester à l'ombre & image de Dieu, qu'elles portent, ou à la vertu interne, laquelle leur a esté donnée du ciel, comme par dot naturel, que non pas à ces baguenoderies, vertu, dis-ie, laquelle se recognoist plustost par la signature, ou sympathie analogique, & mutuelle des mébres du corps humain, à ces plantes-là, qu'en autre chose que ce soit. Outre ce ie m'estonne grandement, qu'ils passent sous silence la preuue qui se doit faire par l'industrie du feu, & couteau anatomique: car le nombre des vertus qu'ils attribuent à chasque herbe (prinses aux escrits de quelque autre, sans qu'ils en ayent aucune preuue) sont pour la plus grande part fausses, erronées, & sans aucun fondement: car il n'y a que l'experience maistresse de toutes choses, laquelle puisse donner vn tesmoignage assez suffisant pour satisfaire à l'attente des medecins, & au contentement des malades, Nous n'auons pas icy besoing de grandes raisons, si l'experience mere de verité doit auoir quelque authorité chez nous. Doncques il est necessaire d'auoir les yeux plus clair-voyans, & l'esprit plus subtil & releué, si nous voulons auoir l'entiere & parfaicte cognoissance des plantes; la recherche desquelles la nature a laissée aux amateurs & admirateurs des choses naturelles. Et de faict il me semble qu'il seroit meilleur & plus honorable, que non pas sans aucune science de la vertu interne, les appeller de cent noms si l'on veut. Ce ne sont pas les noms des herbes, mais les corps,

lesquels

lesquels doiuent estre examinés, affin d'auoir
asseurance de ce qui est purgatif, odoriferent,
& qu'est-ce qui pourra par exemple guerir les
playes ou les fiebures. C'est encor en vain de
s'arrester à la consideration des quatre qualitez, sçauoir à la chaleur, frigidité, humidité, &
seicheresse; veu que cela n'est que l'ombre
des choses, de mesme que les couleurs, lesquelles n'ont racines ny puissance. Ce que iamais
ne sera nié par ceux qui vrays medecins recognoissent les vertus des simples, par le centre
de leur racine, & non par la superficie de l'escorce; & qui laissant à part la nullité du nom
vont fouïller plus exactement la verité des
choses par vne profonde speculation, & re-
gardent parmy les secrets vestiges de la nature, les plus rares vertus qu'elles ayent receu
du Ciel. Ceux-là dis-ie recognoissent de plein
abord, au seul regard de la superficie des herbes, de quelles facultez elles sont doüées; &
sçauent aussi bien quelle difference y a entre
l'escorce & le noyau, comme entre la maison
& l'inquilin (Si toutesfois ils ne veulent donner le nom de la statuë, aux pierres & au bois,
ou laissant le fermier faire la moisson auec la
logette.) En toutes les choses externes la maison est du moins le domicile des vertus internes infusés par la toute puissance, de mesme que le corps est celuy de l'ame. Il me semble que ce Philosophe marchoit fort asseuré,
lequel pour faire iugement de l'esprit & entendement d'vn homme, ne s'amusoit pas au
nom, ains à la parolle, comme vray caractere

Il ne se faut
pas arrester à
la considera-
tion de la qua-
lité des sim-
ples, ains à
leurs secrettes
vertus.

A a a 3 de

de l'homme, & de faict voyant vn iour vn ieu-
ne adolescent s'arrester deuant soy sans dire
mot. Il luy dict parle ô enfant, affin que ie te
cognoisse ; doncques les secrets mouuemens
de l'entendement sont manifestés par la voix;
de mesme ne semble-il pas que les herbes parlent au curieux medecin par leur signature,
luy descouurans par quelque ressemblance
leurs vertus interieures, cachées sous le voile
du silence de la nature ? aussi (si i'vse des parolles du docte B. Aporta)c'est vn moyen duquel la supréme bonté se sert souuent pour
manifester les diuins secrets cachés au plus
profond des entrailles des choses naturelles
lesquelles neantmoins semblent auoir quelque signature des idées diuines, aussi ne pou-
uoit-il (à mon iugement) treuuer vne voye
plus conuenable & admirable que celle-là:car
supposons que les plantes puissent parler d'elles mesmes, & dire les admirables & secrettes
vertus, desquelles la nature les a enrichies, af-
seurement elles ne seront pas entendues de
tous, ny leurs facultés si bien manifestées que
par les escrits cogneus par tout le monde;ou
il eust fallu necessairement que les plantes
fussent esté toutes en vne natió,ou bien qu'elles eussent parlé en toute sorte de langues:
c'est donc assez que la sage nature manifeste
subtilement son pouuoir par quelque sympathie & signature cogneuë de tout le monde.
N'est-il pas vray que toutes les herbes plantes, arbres, & autres prouenans des entrailles
de la terre, sont tout autant de liures, & signes
magi

magiques, communiqués par l'infinie miseri-
corde de Dieu. Ie ne veux pas dire toutesfois,
que ces signes seuls soient nostre medecine,
mais il me sera permis d'asseurer, que par la
faueur de ces signes-là, nous venons à la vraye
& parfaicte cognoissance de la medecine.
Donc, celuy qui desire estre expert medecin
(auec la theorie de son art) doit auoir la cognoissance de la signification interieure des
signatures, d'autant que tout ce qui est à l'interieur, porte la figure de son secret tant aux
creatures sensibles qu'aux insensibles; & deslors que nous sommes en silence, la nature
parle par quelques signes, s'il semble, & manifeste les mœurs & l'entendement d'vn cha-
cun, comme il est fort bien dict *in Adaman-
tia Polemonis*, ὁτι ὥϛτω μᾶς ἐϛ ἡ ἀπομειμησις, καλ εἰ
ἢ ἐν τῇς σιγμαῖς ἢ ου ἀς τες τρόπες ἐκάϛ ϐ ἀνᾳ
κύπϐϐα: C'est à dire que le silence monstre en
quelque façon le iugement des personnes,
mais la nature parle quasi comme par signe,
& rende les mœurs & affections d'vn chascun. Et tout ainsi comme nos mœurs & humeurs internes peuuent estre recogneuës par
les signes exterieurs du corps, de mesme façon aussi l'homme peut auerer les vertus internes des plantes par leurs signes ou signatures exterieures. La plante, par des parolles secrettes s'il semble, restaure les hômes & leur
faict offre de ses thresors cachez, affin qu'ils
puissent recognoistre le moyen pour subuenir
à leurs necessitez & maladies. Et côme par les
signes externes nous venôs à la cognoissance

A a a   4   de

de la maladie interne ; de mesme façon aussi
les medicamens necessaires sont recogneus
par la ressemblance de l'anatomie, d'autant
que l'Astronomie & Philosophie marchent en
parallele: mais la Magie donne la cognoissance des vertus internes, estant comme la regen-
te qui enseigne la lumiere de la nature, & la
parfaicte science de la Philosophie naturelle.

La chyromã-
cie a esté l'in-
uentrice de la
medecine, se-
lon le rapport
des doctes ca-
balistes.

Aussi n'y a-il rien au monde qui puisse dauan-
tage accroistre la pieté & culte diuin, ny qui
nous puisse mieux exciter à l'amour de Dieu
que la vraye, & parfaicte cognoissance de
luy-mesme, laquelle nous auons ordinairement deuant nos yeux, par l'admirable
contemplation des œuures diuines ; contemplation, dis-ie, enseignée par la seule magie naturelle, fille du Ciel, inuentrice des
arts, & secrets (laquelle par l'escorce exterieure nous donne la vraye cognoissance
du noyau, c'est à dire de la pure substance
de la chose) magie encor laquelle nous se-
mond tous les iours à chanter ? ô Dieu tout-
puissant Createur de tout le monde, les
cieux & la terre sont pleins de la majesté de

Le medecin
doit, à l'exem-
ple d'vne vier-
ge, regarder
seulement ce
qui est deuant
ses pieds sans
alãbiquer son
esprit, de ce
qui est au delà
de la mer, puis
qu'il suffit de
ce que sa re-
gion a pro-
duict.

ta gloire. Mais comme nous voyons parmy
les hômes, que naturellement ils admirét les
estrangers & noueaux esprits, au mespris de
ceux lesquels conuersent ordinairement auec
eux. Le mesme arriue-il le plus souuent parmy les plantes : car ils font grand estat des
estrangeres, & les loüent aux despens de celles lesquelles sont engendrées & produites
sous leur ciel, beaucoup meilleures, & de

Trop de fami-
liarité engen-
dre mespris.

plus

plus grande vertu que les autres, d'autant
qu'estant nourries d'vn mesme air, elles ont
plus de sympathie auec nostre nature, outre
qu'elles font à meilleur marché. Qu'elle necessité y a-il donc d'auoir recours aux plantes estrangeres, puis que la diuine bonté nous
en a donné, qui ont autant, voire plus de
pouuoir enuers nostre temperature. N'est-ce
pas l'vsage de la medecine qui nous à amenez
à la cognoissance de la *Terra medicata*, laquelle ne cede en aucune façon à la Turquesque.
Ie parle de celle que l'on appelle *Strigensis si-
lesiaca* recogneuë premierement par vne se-
crette experience de *Ioannes Montanus*, &
apres luy *Ioannes Bertholdus* Silesien, curieux
scrutateur des choses soufterraines; elle se
treuue au champ de Solmense, & autres lieux
de la *Hassia* proche le lac Acronius, au do-
maine du tres-illustre Maximilian Mareschal
Bupenheimius, vis à vis de la citadelle de
Longue-Pierre esparse en vn rocher solitaire,
duquel anciennement on en a tiré grande
quantité: ceste terre se treuue enceinte d'vne
matrice laquelle l'enclost en forme du noyau,
dequoy les vestiges portent encore tesmoignage. I'en ay fort vsé en fait de medecine:
mesmes noftre tres Auguste Empereur Rodolphe II. outre le bol a fait deterrer deux
axonges de soleil & de lune (ainsi les appelle Paracelse) dans son iardin de Bronduse,
l'vne desquelles luy fut donnée pour son vsage, la bonté en ayant esté manifestée par experience; car elle ne cede point pour tout

(comme

Marginal note:
Elle se treuue en beaucoup des lieux d'Allemagne.

(comme i'ay desia dit) à celle de Turquie,
& par ainsi il faut accorder que Dieu ne nous
a pas mieux oubliez que les autres : car si les
estrangers ont la vraye corne de Licorne animal tant recommandable à cause de sa rareté,
n'auons nous pas ἀντιβαλλόμενον ; c'est le Licorne mineral, lequel se tire aux estangs ou
montagnes ; lequel ne luy cede en rien. Outre ce ie diray en passant qu'en Morauie, trois
milles de Brunes (où i'ay pratiqué la medecine auec le sieur *Ioannes Bergerus Panno-
nius*) l'on treuua proche le terroir de l'Abbé
d'Obrouicense sur vn rocher quasi inacessi-
ble, les ossements de deux animaux inco-
gneuz, d'vne hauteur incomparable, & ceux
de deux petits de mesme espece neantmoins,
lesquels sans doute perirent au temps du ca-
taclysme vniuersel par l'impetuosité des eaux;
où arriuant, quelques mois apres aduerty de
ceste merueille, ie taschay de faire sortir le
reste des dents desdits animaux, lesquelles estoient d'vne grandeur excessiue, ausquelles i'esprouuay les mesmes vertus &
proprietez qu'à la corne du Monoceros. Au
mesme quartier bien pres de là y a vn autre
effroyable caué dans vne montagne. En Italie
en veuë d'vne metairie appellée Castozza, entre Vicense & Padouë, s'en treuue vn autre,
lequel n'est pas moindre que le premier, dans
lequel on voit des effects & jeux de la nature, autãt admirables que diuers : car les gouttes d'eau distillantes du lambris en bas, de-
stournées selon la varieté des chemins, par la

faueur

Nous ignorós
la puissance
de beaucoup
de choses fai-
tes faute d'en
faire des bon-
nes experien-
ces.

faueur de l'esprit du sel, font, forment & se
transmüent en pierre de diuerses figures, re-
presentans icy vn homme, là vn cheual &
semblables, lesquelles pierres neantmoins re-
duites en poudre subtille, & donnée du poids
d'vne drachme prouoque incontinét à sueur,
& meslée auec les emplastres, sert grandemét
pour la rupture des os : mais ce ne sont là
toutes leurs forces, veu que resoutes en sel par
le benefice du vinaigre distillé proffitent auec
vn grand contentement au calcul, podagre
& autres semblables maladies nodeüses, l'v-
sage desquelles ne nous a esté mõstré que par
la signature, laquelle la nature leur a donne,
nature, dit-ie, si officieuse qu'elle ne permet-
troit iamais que nous fussions sans remede à
nos infirmitez ; n'a-elle pas donné des remedes domestiques aux Morauiens sujets au calcul, podagre, & contraction des membres,
prouenás de leur vins pierreux & sablonneux:
c'est pourquoy *Ruellius* dit fort bien qu'il n'y
a aucune partie de medecine plus incertaine
que celle des pays estrangers. Paracelse tres-
grand naturaliste n'a pas moins de grace, lors
qu'il se mocque de l'estráge curiosité de quelques medecins (lesquels ignorans les vertus
internes signifiées par la signature) ne cherchent qu'à recognoistre, & sçauoir le nom
des plantes exotiques, & asseure incontinent
qu'il n'y a paísant lequel n'aye son vray medicament deuant sa porte, & de fait nous
voyons que ceux qui guerissent auec les simples ont plus d'heur & d'honneur au succez

de leurs entreprifes que les autres, d'autant que l'effence medicalle ou or-magique, eft auffi bien à celles-là, qu'aux plus precieufes deftranges pays : car tout ainfi comme la terre donne dequoy viure, & s'habiller à chafque region (s'en feruant toutesfois en neceffité & non fuperfluëment) de mefme auffi la nature mere de toutes chofes ayant foing de tout le monde, a voulu diftribuer affez fuffifamment des medicaments à tous pour fe fecourir. Chafque region côtient en foy la matrice de fon element, & fe fournit de ce qu'il luy eft neceffaire ; voila pourquoy la nature a voulu fournir & temperer les fimples profnes à chafque ciel, climat, pays, region, & fiecle; n'oubliant en iceux la differéce du fexe, auffi bien que parmy les fenfitifs, & comme la prouidence diuine a diftingué (& non fans caufe) l'anatomie en mafle & femelle, auffi fe faut-il prendre garde en l'application de ne confondre pas le fexe ; affin qu'ils operent auec plus de vigueur : car tout ainfi comme l'homme & la femme font d'vn naturel different, de mefme les remedes auffi. Ie ne parle pas des medicaments hermaphrodites, ains des fimples en leur nature, lefquels font propres les vns pour les ieunes gens ; les autres pour les decrepites & courbez fous le faix de la vieilleffe; ce qu'appert fort clairement aux Hellebores. A raifon dequoy Paracelfe recommande aux medecins de fe prendre garde à la diftinction du fexe des herbes, à l'vfage des medecines, & maladies, fans oublier le complot

plot

Ce que l'on peut faire auec les fimples, il ne doit eftre fait par vne grande compofition de medicaments.

Les vertus des plantes font diuerfifiées felon la diuerfité des climats & regions.

plot de la lune. Donc Agrippa a raison de dire que c'eſt vne grande folie d'aller chercher
aux Indes, ce que nous tenons aſſeuré chez
nous; inſenſez que nous ſommes de croire
que la terre, ny que la mer ne ſont aſſez capables pour nous, preferans les choſes eſtrangeres aux domeſtiques, la ſobrieté à la ſom-
ptuoſité, & la facilité à la difficulté; car comme nous voyons la diuerſité des mœurs parmy les Turcs, Indiens, Æthiopiens, & Chre-
ſtiens, de meſme faut auſſi remarquer & croire que les plantes croiſſans aux quatre coings
du mõde, ſont de vertu & nature cõtraire, &
le plus ſouuét ce qui ſert aux autres d'alimét,
ne nous ſert que de mauuais medicamét, choſe
que pluſieurs perſonnages dignes d'authorité
nous aſſeurent. Ie pourrois entaſſer vne infinité de teſmoignages touchant cela: mais ie
me contenteray d'vn ſeul pour maintenant,
ſçauoir de la racine d'Aaron, laquelle confir- Gallien liu.2.
mera la croyance de ceux qui voudroient ter- de Alimen-
giuerſer. Ceſte racine eſt tellement mordi- torum facul-
câte aux lieux froids & ſeptentrionaux qu'el- tatibus.
le eſcorche la bouche de ceux qui la mettent
dedans; mais au contraire celle qui vient en
Lydie proche de la ville de Syrene, eſt tellement douce & aggreable au gouſt, que les
hommes les mangent auſſi librement que les
raues: mais poſons le cas que les eſtrangeres
ayent quelque peu plus de vertu que les no-
ſtres, ce qu'aſſeurent les faineants & pareſſeux, ne ſe ſoucians en aucune façon de celles que nous auons chez nous, ains d'vne
eſtrange

estrange arrogance cherchent la nouueauté
dés estrangers. Quant à ceux-là ie treuue
qu'ils ont raison, d'autant qu'ils ne recher-
chent pas la santé publique, ains seulemêt
leur lucre particulier, nous persuadans que
nostre salut ne depend que des vertus esloi-
gnées à cause de leur charté ; toutesfois ie ne
sçaurois croire que telles plantes puissent
estre salubres qu'à ceux de leur climat. Car
si les medicaments estrangers estoient tellement propres pour nous, comme asseurent
ces gés-là, la nature ne nous auroit pas voulu
frustrer d'vn si grand bien, ains auroit fait en
sorte qu'ils eussent aussi bien peu prendre leur
nourriture & procreation chez nous, qu'en
ces estranges pays ; & de fait est-il bien possible que ces medicamens d'outre mer nous
puissent estre si fauorables, n'ayans aucune
affinité du temperament ou influence auec
nostre climat. Ie ne veux icy sçauoir s'ils ont
esté cueillis en temps propre & conuenable
(d'où souuent arriue du danger) & qui sçait
si ces corps que nous receuons tous les iours
dés Barbares soient choisis & asseurez, le
chemin en est si long, que leur vertu peut
estre de beaucoup diminuée, voire tout à fait
perduë auant qu'ils soient chez nous. L'on

Combien que
le traffic &
negoce soient
loüables, il
faut voir s'ils
sont propres
pour restituer
vn malade en
son premier
estat.

sçait bié que l'auidité du lucre est telle, qu'elle donne des bonnes inuentions pour les so-
phistiquer & diuersifier en mille façons ; stu-
pides que nous sommes, nous ne tenós compte de l'abondance que Dieu nous donne en
l'Europe, trop bastante pour subuenir à nos
                                        infirmi

infirmitez, & d'où cela, si ce n'est qu'on ne
veut pas mettre la peine & diligence qui est
requise en tel cas, d'autant que la grauité de
nos medecins est venuë en tel poinct, qu'ils
mesprisent aussi bien la noirceur du charbon,
que la soüille de l'argille. Ie laisse à part les
Apothicaires, desquels la plus grande partie
poussée par la gloire ou auarice, cherche plustost l'escoulement de la bourse du malade,
que non pas la restitution de sa santé, d'où
arriue (au grand dommage de la republique
de medecine, & au grand peril de la vie des
personnes) qu'il n'y a rien de plus cher que
ce qui vient de là la mer rouge, ou du fonds
des Gades, & des Indes, ou de ce qu'on nous
donne à croire en estre venu : ceux qui ont
achepté leur mort par quelque grande som-
me de deniers en pourroient donner vn asseuré tesmoignage (s'il leur estoit permis d'en
reuenir dire leur aduis) en fin quoy que l'on
me chante, ie tiens auec tous les Philosophes,
que Dieu ny la nature n'ont rien creé en vain,
ains ont doüé toutes les creatures iusqu'aux
plus abiectes de quelque particuliere vertu,
selon qu'il leur a pleu ; c'est pourquoy ceux
qui remarquent que la nature des choses plus
petites, est d'vne grandeur incomparable, en
pensent tout autrement, d'autant que la nature recompense la petitesse du corps par vne
grande vertu, & ce que ce corps n'a en matiere, il l'a fort bien en puissance, chose que
nous voyons clairemét aux grains Orientaux
du Kermes, & au sang de ce petit poisson que

les

les Latins appellent *Murex*, duquel on se sert pour la ceinture de la pourpre Royalle. N'est-ce pas vne merueille & industrie inimitable de la douceur du miel, œuure des petits fre-lons, que se peut treuuer de plus admirable, que le fragile tuyau du froment, vray appuy de nostre vie? Sçauroit-on remarquer aucune chose plus rare que la souche, (le plus vil de tous les arbres) laquelle neantmoins nous donne le vin admirable pour la confortation du cœur humain, estant prins auec modestie & sobrieté? L'ame intellectuelle fille du ciel demeure enfermée dãs la soüilleure du corps, lequel n'est qu'vn vray vase fragile de terre. Est-il bien possible que ces choses ayent esté ordonnées de ceste façon par la sagesse diui-ne sans aucũ sujet? Paracelse pere des secrets, (nom qu'il a merité entre tous les medecins) exhorte de tout son pouuoir ceux lesquels veulent acquerir la vraye & parfaicte science de la medecine, qu'ils employent toute leur estude à la cognoissance des signatures, hie-roglyphes, & caracteres; outre ce il dict qu'il y a trois choses par lesquelles la nature (ne laissant rien qu'il ne soit signé) manifeste les hômes & la proprieté de toutes choses creées, desquelles voicy la premiere, sçauoir la chy-romancie, laquelle est le vray astre & phare de la nature, contenuë aux parties externes de l'homme, comme pieds, mains, lignes, & veines. La seconde est la physiognomie, la-quelle comprend la face & le reste de la teste. La troisiesme & derniere, c'est l'habitude & proportion

proportion de tout le corps en general ,la-
quelle denote les mœurs, le iugement,iuf-
qu'aux plus fecrettes penfées de noftre cœur,
& apres Paracelfe Iean Baptifte Aporta Neapolitain, tres - celebre medecin , & grand
naturalifte en fa Phyfiognomie, où il a tra-
uaillé au grand proffit & vtilité du public.
Cependant cecy foit pour donner occafion
aux plus parfaicts d'efcrire; ou a quelqu'vn
lequel infpiré du ciel entreprendra le trauail,
& d'vne plume plus affeurée que la mienne
rendra des fruicts plus meurs, auquel pour le
prefent ie remets la partie. I'ay voulu neantmoins rendre communes quelques obferua-
tions (l'harmonie & analogie defquelles i'ay
puifée, tant de Paracelfe, Aporta, que de ma
propre experience) aux curieux amateurs des
fignatures, lefquels ne rougiffent point d'ap-
prendre quelque chofe auec moy. Auffi, s'il
me femble, il eft plus affeuré de fuiure vn
chemin defia frayé, que d'en commencer vn
nouueau; c'eft dôc affez d'auoir fait ce qu'on
à peu. Certes ie defirerois tres - ardemment
que ce grand perfonnage Carricterus donnaft
l'effort à ce beau liure qu'il a fait des fignatures, auquel par vn excellent & harmonique artifice il adapte les plantes, eftoilles
terreftres,aux eftoilles celeftes ; ô que la Republique Botanique luy en feroit grandemét
obligée: car (felon Paracelfe) les eftoilles
font la forme & la matrice de toutes les herbes , & chafque eftoille du ciel, n'eft autre
chofe que la confufe & fpirituelle prefigura-

tion d'vne herbe, telle qu'elle la represente,
& tout ainsi que chasque herbe ou plante est
vne estoille terrestre regardant le ciel, de
mesme aussi chasque estoille est vne plante
celeste en forme spirituelle, laquelle n'est dif-
feréte des terrestres, que par la seule matiere,
à raison dequoy toutes les estoilles predisent
les maladies futures par leurs excrements, &
nostoch; & aussi les plantes & herbes celestes
sont tournées du costé de la terre & regardét
directement les herbes qu'elles ont procréés,
leur influát quelque vertu particuliere, à cause de la sympathie mutuelle. Ce fondement
descouuert, les cópositions & constellᵗⁱons
des herbes seront librement recogneᵘᵉs, si
bien que l'on pourra dire auec asseurance, cecy est l'estoille du Romarin, celle-là de l'Ab-
synthe, & a les mesmes vertus que les herbes,
&c. Il faut icy remarquer qu'autant de varieté de couleurs qu'il se treuue aux fleurs
terrestres, autant y a-il de vertus imprimées
ausdites herbes: car, comme i'ay desia dit, il
n'y a rien parmy toute la famille des herbes,
qui soit en vain, ains vtile & propre en téps,
lieu & saison; & tout ainsi que les muets, &
animaux irraisonnables, lesquels n'ont point
de parolle, monstrent leur affection par certains mouuemens du corps; de mesme Dieu
a donné comme vn truchement à chasque
plante affin que sa vertu naturelle (mais cachée dans son silence) puisse estre cogneuë
& descouuerte. Ce truchement ne peut estre
autre que la signature externe; c'est à dire
ressem

Sir. chap. 39.
sect. 26.

Toutes les
choses que
Dieu a creées
subsistent par
ordre, temps,
poids & mesu
re. Sapien. 11.
sect. 22.

Quel œuure
que ce soit
denote & ma-
nifeste son ou-
urier & fabri-
cateur, qui est
le secret &
mystere de la
medecine, de

reſſemblance de forme & figure, vrays indices de la bonté, eſſence, & perfection d'icelles, voire comme i'ay deſia dit, ces ſignes magiques parlent auec nous par leur ſignature. Ceux qui creuaſſent & eſuentrent la
terre pour en ſortir ſes entrailles, ont couſtume de ſe ſeruir de quelques ſignes in-
faillibles pour auoir ces threſors aſſeurez, que
Dieu a beaucoup creé de choſes leſquelles il
ne nous a manifeſtez, ſe contentant d'en laiſ-
ſer la recherche à noſtre diligente curioſité,
ne plus ne moins que Moyſe, lequel n'a fait
aucune mention des pierres precieuſes, ny
metaux creez dans les entrailles de la terre,
quoy qu'ils ſoient enrichis de beaucoup de
ſecrets naturels; la raiſon pourquoy Dieu a
creé les metaux dans le ſein de la terre, donnant vne cognoiſſance particuliere d'iceux;
quant à l'exterieur, n'eſt autre ſinon, qu'affin
que par ce moyen nous cogneuſſions que la
nature auoit caché des grandes vertus & ſecrets dans leur interieur. L'eſprit de Dieu ſe
ſert pour l'ordinaire du nom de metail &
pierre precieuſe pour ſignifier l'obſcurité du
ſens de la ſacroſainƈte Eſcriture: car lors qu'il
veut parler occultement ce ne ſont que metaux & pierreries. Quelqu'vn ſe pourroit
eſtonner pourquoy Dieu a mis vne partie des
creatures ſur la face de ceſte machine ronde,
& l'autre dans ſon centre; que celuy-là regarde l'opinion des medecins Hermetiques, affin
qu'il ſoit toſt reſolu de ſon doubte; quant
à moy ie me contente de luy dire que Dieu

l'anatomie
des formes
mõſtre la na-
ture des cho-
ſes.

Dieu a ſçeu
que les choſes
acquiſes par
trauail & pei-
ne ſeroiƈt plus
aggreables
aux hommes,
que celles leſ-
quelles arri-
uent ſans y
penſer.

Moyſe en ſa
deſcriptiõ du
ciel & de la
terre a cou-
uert par des
ſeules parol-
les vne gran-
de quantité
de myſteres &
ſecrets.

n'a voulu mettre ces creatures là dans le centre de la terre (tres-beau secret de la sagesse
de la nature) pour autre raison, sinon que
pour monstrer qu'en elles est la conseruation
de l'esprit vital de l'homme, lequel a son sie-
ge particulier au cœur, ne plus ne moins que
les herbes logees à la surface de la terre (admirable manifestation de la sagesse de la nature par ces creatures là) sont pour conseruer
toute la masse entiere; tant des hommes que
des brutes; de mesme façon aussi il a mis au
centre toutes les vertus ensemble, qu'il auoit
mis esparces çà & là en diuers endroicts de
la superficie. Mais ô merueille estrange que
tous les Astres qui ont esté creez corporellement dans le ciel, l'ont aussi esté spirituellement dans la masse de la terre : car tout ainsi
comme le soleil celeste engendre toutes les
choses terrestres par le moyen de sa chaleur,
de mesme aussi le soleil terrestre par sa chaleur spirituelle cree & regenere toutes spirituellement, il est bien vray que l'esprit de
Dieu fait naturellement toutes choses par le
soleil celeste:mais par le soleil terrestre, il les
fait spirituellement,& c'est d'autant que l'esprit n'opere par la mediation d'aucune chose
que du soleil, parce qu'en luy il a mis son ta-
bernacle & non ailleurs; & tout ainsi comme
le soleil celeste opere en deux façons, sçauoir
manifestement & occultement, de mesme
aussi l'autre soleil (sçauoir le terrestre) trauaille & opere en toutes choses, tantost corporellement, & tantost spirituellement, &

comme

Mineraux &
metaux.

Dieu a tous-
iours mis le
plus grand &
plus noble au
centre & le
moindre à des
couuert.

Le soleil ter-
restre, c'est
l'or.

Psal.19.sect.6.
Par le soleil,
c'est à dire le
cœur du mon-
de, le cœur
du Microcos-
me se main-
tient en vie.

comme le soleil celeste spirituellement en toutes choses, est leur chaleur naturelle (quãt à l'interieur) de mesme aussi le soleil terre-stre, interieurement spirituel, est la chaleur natiue, baulme, lumiere, & huille de toutes choses: l'esprit de vie de celuy-là s'appelle esprit caché: mais celuy-cy s'appelle propre-ment & genuinement en toutes choses soul-phre, du moins si nous voulons adiouster foy aux doctes Cabalistes, l'estude desquels a esté de monter du signe au signifié, des creatures au Createur, des Anges à Dieu, & là se ioin-dre estroittement auec luy, affin que par ce moyen (selon Pythagore) ils se peussent dei-fier. Toutes les choses superieures sont aux inferieures, & les inferieures aux superieures: non toutesfois comme en elles mesmes, mais selon leur nature: car comme tout l'arbre enclos dans son noyau est astrallement arbre, de mesme aussi le monde sensible est en Dieu diuinement; dequoy ce grand Roy Hermes affublé d'vne triple couronne, pere de tous les Philosophes, à cause de son antiquité, de-puis le commencement de sa table Smaragdi-ne plus precieuse cent mille fois que toutes les pierres precieuses du monde, nous en donne vn tres-asseuré tesmoignage, disant, que tout ce qui est dessous, l'est aussi dessus: mais d'vne façon plus noble & plus parfaicte. Au monde Angelique, c'est à dire intelle-ctuel, sont les mesmes astres qu'en ceste ma-chine visible, mais spirituellement & inuisi-blement. Quant au supréme monde appellé

par

Trismegiste, dict trois fois tres grand, à cause des trois vertus qu'e-stojent en luy: car il estoit Roy, Philoso-phe, & Pro-phete, & outre ce Monarque de la triple philosophie. Le monde par les Grecs ὑπερτάτω, infiny, increé, in-comprehensible, archetype; les Anges y sont aussi bien que le monde visible, mais d'vne maniere toute diuine, & tres-parfaite. Doncques les choses basses mostrent les sub-limes, les corporelles; les spirituelles par la nature des terrestres & inferieures, & par les proprietez des superieures & celestes; parce que ces exemplaires inferieurs, externes & visibles, sont la marque des choses superieu-res, & le symbole des internes & inuisibles, lesquelles nous meinent comme par la main aux eternelles & spirituelles; en fin toutes les creatures, mesmes ceste machine en laquelle Dieu se fait voir (quoy qu'inuisible) ouyr, gouster, sentir, & toucher, ne sont autre cho-se que l'ombre de Dieu, & la figure du Para-dis interne; ce regard dis-ie, par lequel les creatures (posterieures au Createur) sont les effects par lesquels le fabricateur & premier agent est recogneu: car toutes les creatures ont esté creées de Dieu, comme luy-mesme le resmoigne, *omnia per ipsum facta sunt*, &c. Celuy qui separe du Createur la cognoissan-ce des choses creées, n'a seulement que l'om-bre des choses creées: mais de dire que l'Ar-chetype n'aye spirituellement en soy toutes les choses lesquelles paroissent visiblement en ce vaste corps, & que la composition de tou-tes choses, soit tant seulement interne, & non externe; cela se preuue par la lumiere naturelle, montant & descendant, entrant & sortant: Il est asseuré que l'on compte trois mondes,

mondes, & que ces trois ne sont qu'vn vniuersel, parce qu'ils sont l'vn dans l'autre,
sçauoir Dieu, les Anges, & nostre machine
visible, l'inferieur est gouuerné par le superieur, duquel il prend l'influxion de ses vertus, tellement que l'archetype mesme & supréme fabricateur nous influë les vertus de
sa toute puissance, par les Anges, Cieux,
Estoilles, elements, animaux, plantes, & pierres, au ministere desquelles il a fait & creé ce
tout. Mais venons à nostre entrée ou montée
laquelle se fait lors que par l'eschelle de Ia-
cob nous nous esleuons de bas en haut, c'est
à dire des choses sensibles aux intellectuelles;
des creatures au Createur, môtant tousiours.
Les Cabalistes & Rabins Hebrieux tiennent
cinquante portes d'intelligence, les degrez
ou limites desquelles sont tirez du premier
chapitre de la Genese ; par le symbole desquels nous sommes conduits à la cognoissance de toutes choses, tant visibles qu'inuisibles ; la sortie ou descente se fait lors que
nous allons de Dieu aux creatures, des choses intellectuelles aux formes externes, ou du
centre à la circonference ; par exemple, lors
que par les yeux de la sensualité ie regarde
vne femme, laissant son estre corporel de la
forme externe. Ie m'en vay à la semence interne & inuisible, & par l'œil de l'entendement ie contemple tout l'arbre auec ses racines, tronc, rameaux, branches, fueilles, fleurs,
& fruicts, venants separément chascun en
son temps. Ceste semence ne va pas mandier

Bbb 4 les

Tout ce qui
au monde en
general est
aussi à chas-
cun d'iceux
en particu-
lier, & parmy
iceux n'y a
aucun auquel
ne soit tout
ce qui est aux
autres tes-
moing de ce-
cy Anaxago-
ras, Pythago-
ras, Platon, &
la Genese 28.
sect. 12.13.

les chofes corporelles, ains de foy-mefme
elle fe pouffe & chaffe comme hors de fes entrailles. Donc puis que cet aftre ou femence
qui n'eft que l'image ou l'ombre de la fubftã-
ce Angelique, contient tout ce grand corps
d'arbre fans quantité, qualité, &c. Ce fera
bien cóclud, s'il me femble, qu'vn Ange pourra enclorre en foy la femence de toutes chofes, & beaucoup plus facillement à caufe de
l'excellence & nobleffe de fa nature : car tant
plus vne chofe eft fimple, tant plus eft-elle
parfaicte, abfoluë, & puiffante, & tout ce
que la puiffance inferieure peut, la fuperieu-
re le peut auffi auec plus d'excellence, & effi-
cace : doncques l'Ange donnant du pain, du
vin, & du fruict à l'homme, ne le prend
point en autre part hors de foy-mefme,
ains en foy, & dedãs foy, d'autãt qu'il le produict en foy-mefme (comme vraye & parfaicte image de Dieu) toutes fois & quantes
qu'il luy plaift, fans aucune diminution de
foy : car l'Ange a toutes chofes en foy Angeliquement, & fpirituellement, voire il encloft
en foy, & dedans foy toute cefte vafte machine vifible, & luy-mefme eft tout ce qui eft
icy bas. Et tout ce que l'art & la nature, ou la
nature par l'art peuuent, le mefme peut, &
plus vifte, & mieux vn Ange, ou efprit efleué
& conftitué au deffus de l'art & de la nature.
Celuy qui confidere attentiuement cefte cen-
trale & circulaire philofophie, n'a aucune difficulté de croire qu'vn Ange ou efprit celefte
ne puiffe enclorre tout le monde dans fon
poing.

poing. Or puis que l'Ange, lequel n'est que la
pure image de Dieu, encloft, a, & poffede tout
dans fon abyfme, il feroit mal à propos de
nier que la premiere caufe exiftente, & inde-
pendante ne puiffe enclorre fpirituellement &
inuifiblemét toutes chofes en foy, côme eftât
la vraye, & tres-fimple fontaine de leur vnité,
parce que tout ce qui eft, a efté creé par luy,
qui eft tout en tout, la premiere & derniere
caufe, laquelle ne prend rien d'aucune matiere
preiacente, ny ailleurs hors de foy, d'autant
que tout ce que la puiffance inferieure peut,
le mefme, & mieux peut la puiffance fuperieu-
re, & auec plus de force & excellence : car il
n'y a aucune proportion du finy à l'infiny, &
du Createur à la creature : Dieu eft le centre
& cercle de foy-mefme, il habite en foy-mefme, c'eft à dire dans l'abyfme de fon infinité,
que les Hebrieux appellent *Enfuph*, infinité
incomprehenfible, à laquelle de toute eternité
on n'a peu excogiter aucun lieu, aucun principe, ny aucune fin, lequel n'a efté faict ny
d'autre, ny de foy-mefme. Il n'a peu eftre faict
d'aucun autre, d'autant qu'il n'y a rien eu deuant luy, autrement il ne feroit la caufe premiere ; de dire qu'il fe foit faict de foy-mefme, il ne fe peut : car de rien il ne fe faict rien :
doncques toufiours יהוה, & c'eft fon nom
effentiel τετραγράμματον, ineffable à caufe de
fa tres-redoutable Majefté, & incóprehenfibi-
lité *Schemhamphoras*, Nô de Dieu tres-grand &
admirable, lequel eft fur tous les autres noms,
c'eft à dire fans caufe premiere, fans temps,

fans

Marginal notes (right column):

Rien de diuin,
Aleph tene-
breux.
Lumiere te-
nebreufe.

Dieu ineffa-
ble, innomi-
nable, appellé
en la nature
Trigrammus,
en la loy Te-
tragrammus,
& en la grace
Deutagrámus.

L'estat de la beatitude future.

Dieu auant la
creation d'au-
cune chose e-
stoit seul quât
à l'exterieur,
iusques à ce
qu'il luy pleût
de produire le
monde, & lo-
ger toutes cho-
ses autour de
soy.

Pourquoy
Dieu ne crea
plustost le mô-
de, c'est à cau-
se de la tres-
grande obeys-
sance & reue-
rence, laquel-
le est deüe au
Createur, &
pour euiter le
peché, il n'est
pas permis à
la creature de
s'enquester de
cela.

Trismegiste.

sans lieu, & sans bornes, ne prenant aucune
chose hors de soy : mais de soy est la mesme
abondance de tout, sans qu'il aye besoing de
rien, rendant semblables à soy ceux lesquels
l'ayment, affin qu'ils n'ayent faute de chose
que ce soit, ains qu'ils possedent tout en sa pa-
trie, c'est à dire au royaume de Dieu, parmy
les fidelles & bien-heureux, lesquels habite-
ront eternellement en Dieu, comme Dieu en
eux.

C'est pourquoy IESVS-CHRIST Parolle
du Pere, Fils de l'Eternel, Sapience donnant
vie, vray maistre faict homme comme nous
sommes, affin de nous rendre enfans heritiers
de Dieu comme luy, soit loüé & benist à tout
iamais.

Dieu doncques Seigneur de tout sans commencement, principe, milieu, & fin de toutes
choses, qui n'a besoing de rien, mais qui par
sa seule & liberalle volonté & bonté, par sa
gloire infinie a produict ce tout dans son sein,
c'est à dire de la tres-profonde conception de
sa diuinité (laquelle Hermés appelle entrailles
des tenebres) & par sa seule parolle a premierement produict la lumiere, c'est à dire les
subtances Angeliques, disant *Fiat lux*, de laquelle sortirent les Astres, des Astres les corps
ou machine visible du monde, composee des
quatre elemens, & par ainsi toutes choses sont
en tout à sa façon, demeurant l'vne dans l'autre, comme l'arbre dans la semence, & la semence dans l'arbre ; si bien que ces deux-là,
quoy que distincts ne sont neantmoins qu'vn.

Op

Or donc tous les corps visibles auec les elements sont aux Astres, & les Astres aux corps
visibles, les Astres sont aux Anges, & les Anges aux Astres, les Anges sont en Dieu, &
Dieu aux Anges : mais en telle façon que le
superieur peut estre sans l'inferieur, mais non
pas l'inferieur sans le superieur ; & les corps
ny le monde visible ne sçauroient subsister
sans les Astres, ny les Astres sans l'essence des
Anges, & les Anges aussi ne seroient pas si
Dieu incree n'estoit, duquel ils tirent leur de-
pendance. Cognoissant Dieu l'on cognoist les
Anges, d'autant qu'ils sont la parfaicte Image
de Dieu; cognoissant les Anges, l'on ne doubte point des Astres, la cognoissance desquels
nous donne vne science asseurée de tous les
corps creés, c'est à dire du monde visible, auquel est comprins le Microcosme, comme son
fils naturel & legitime ; d'autant que tel est
le pere que le fils. Par ce mesme moyen, re-
trogradant toutesfois, nous sommes conduits
des choses visibles aux inuisibles, parce que
toutes choses s'en vont de l'interieur à l'exterieur : car les substances Angeliques dependent de Dieu, les Astres, c'est à dire l'inuisible
vertu des choses, dependent des Anges, des
Astres les formes visibles qui sont les corps.
Et tout ainsi côme toutes choses sont en Dieu
diuinement, de mesme sont elles aux Anges
Angeliquement, & corporellement ou mon-
dainement au monde : car comme la lumiere
est parmy les tenebres, de mesme aussi le superieur est parmy les inferieurs ; & au contraire

Le Verbe de
Dieu est la pre
miere idée de
toutes choses.
Ce monde vi-
sible & extrin
seque a esté
fabriqué , &
creé par le sou
uerain crea-
teur à l'exem-
ple & modelle
de l'interne &
intelligible.
Dieu est l'E-
stre des astres,
c'est à dire le
lieu l'origine,
& la compli-
cation de tou-
tes les creatu-
res , duquel
tout est sorti,
& auquel tout
naturellemēt
tout veut re-
tourner.
Les Anges sōt
des miroirs
tres-certains
sans estre sub-
iects à la cor-
ruption, en a-
yans esté des-
pouillez par
la diuinebōté

Tout ce qu'est en haut, est aussi en bas, mais d'vne façon plus ignoble.

Tout est en Dieu, ne plus ne moins que ce monde inferieur est au superieur, ou comme les lignes au cętre.

Aux Romains 8. sect. 21.22.

Dieu est plus haut que la nature.

traire tout ce qui est senſiblement au monde viſible, le meſme est aſtralement aux Aſtres, & Angeliquement aux Anges, & tout ce qui eſt Angeliquement aux Anges, eſt diuinement en Dieu. Noſtre entendement ou ame intellectuelle fauoriſée par la diuine bonté, monte du plus bas au plus eminent & haut lieu, par la chaine d'or, laquelle nous a eſté enuoyée du Ciel à cauſe de noſtre fragilité, c'eſt à dire par l'ordre des creatures, iuſques à ce qu'elle eſt arriuée au ſouuerain fabricateur, auquel toutes les creatures tendent comme à leur vraye ſource & origine. Et de faict, en Dieu toute la maſſe du monde n'eſt que Dieu, Ange aux Anges, & Aſtre aux Aſtres, tout de meſme que dans la ſemence de l'arbre, tout l'arbre fueilles & fleurs ne ſont que ſemence, & le tuyau, racine, eſpi, herbe & paille de l'orge n'eſt que le grain, tout cela prouient de la ſemence, d'autant qu'il eſtoit caché dans icelle, ſemblablement toute la machine du monde eſt angeliquement cachée dans l'Ange, & diuinement en Dieu. Et tout ainſi comme la ſemence eſt l'arbre plié & enueloppé, & l'arbre la ſemence eſparſe & deſployée, l'vnité le nôbre enueloppé, le nombre l'vnité eſtenduë, de meſme l'Ange eſt tous les Aſtres vnifiés, & les Aſtres l'Ange eſtendu. Et Dieu eſt l'Archetype, auquel le monde eſt diuinement enueloppé, le monde auſſi (s'il eſt permis d'ainſi parler) eſt Dieu eſtendu en tout & par tout : car Dieu immenſe, la totalité de la lumiere, contient toutes les lumieres en ſoy par le rayon

de

de sa Majeſté, c'eſt à dire par ſon Fils, engendre, créc les lumieres Angeliques, par leſquelles il diſtribue tout: car des Anges il coule aux
Aſtres, des Aſtres aux Elements, & des Elements aux corps, deſquels les fruicts paruien-
nent à la fin deuant nos yeux. Cela ſe void
encor au Microcoſme : car les inferieurs ſont
aux ſuperieurs, les derniers aux penultiémes,
& les penultiémes aux premiers, ie voicy clairement : tout le monde m'accordera que les
cinq ſens ſont en l'imagination, l'imagination
en la raiſon, la raiſon en l'entendement, l'entendement en Dieu. Mais Dieu comme ſupré-
me n'eſt en autre qu'en ſoy-meſme, eſtant luy
meſme ſon ſiege & ſon habitation ; d'autant
qu'il eſt de ſoy, & par ſoy tant ſeulement; duquel toutes choſes coulent comme de la fontaine de leur vnité, à raiſon dequoy tout ce
qui eſt vient du ſouuerain bien, & doit eſtre
reduict à Dieu comme à ſa vraye ſource & origine: mais comme ces choſes ne ſont pas de ce
lieu, & que peu de perſonnes ſont capables
de contenir la grandeur de ces threſors dans
la petiteſſe de leurs greniers : threſors neantmoins tels leſquels ne doiuent eſtre ſemés au
vulgaire. Ie taſcheray d'adoucir le Genie
d'Harpocrate, par mon ſilence auſſi ne pour-
rois-ie eſtre entendu qu'auec grande difficulté de ceux, leſquels n'ont pas plongé leur teſte
dans les fontaines ſans fonds des doctes Ca-
baliſtes, n'ayans encor cogneu que l'ombre
de la ſageſſe humaine, laquelle ie puis librement appeller folie, eu eſgard à la ſapience celeſte

Le Createur crea ce tout en vn momēt ſans temps, & auāt qu'il luy pleuſt faire aucune diuiſion ny ſeparation d'aucune cho. ſe.

L'habitation de Dieu n'eſt pas diſtincte de l'eſſēce diuine, affin qu'il n'y aye aucun deffaut en Dieu.

Iac. 3 6. ſect. 15.

Comme l'ho-
me est cogneu
par ses fruicts,
de mesme auſſi
ſi les plantes
ſont cogneuës
par leur ſi-
gnature. Ho-
mere appelle
les medecins
ϰωὲὶ παν-
λων ὑπέρε-
χΘ ἄλλων,
d'autāt qu'ils
doiuent tout
voir. L'ana-
mie & forme
des herbes
ſe doit ac-
corder & cor-
reſpōdre à l'a-
natomie , &
forme des ma-
ladies : car ſi
la phyſiogno-
mie &Chyro-
mancie tant
des maladies,
que des reme-
des ne ſont eſ-
ſentiellement
cogneuës des
medecins , à
peine feront-
ils iamais rien
qui vaille ,
d'autant que
la ſignature
eſt vn grand
fondement ,
tant pour la
medecine que
pour la philo-
ſophie. Aux
Rom.1.ſect.19.
Sapience 23.
ſect.1. Sap.15.
pſal. 19. Matt.
17.Iacob. 12.

leſte. Mais affin que ie retourne au lieu duquel i'eſtois ſorty, ie dis que c'eſt vn grand poinct pour la Republique de medecine, que ceſte ſcience des ſignatures ſe deſcouure de plus en plus: choſe neantmoins que quelques Botaniques meſpriſent tout à faict, ne voulans eſcouter Paracelſe, lors qu'il dit, que celuy lequel ne recognoiſt le ſignifié par le ſigno, n'eſt non plus digne d'eſtre appellé medeciñ que celuy qui n'a aucune cognoiſſance de Chyromancie,& Phyſiognomie,à cauſe de l'admirable , & harmonique Anatomie du grand au petit monde.Et de faict les amateurs de l'antique medecine ne doiuēt iamais meſpriſer telles ſciences, s'ils ne veulent mettre en danger la vie de ceux, leſquels les appellent à leurs maladies, d'autant qu'il eſt neceſſaire (comme nous auons dict à la preface du premier liure) que chaſque maladie aye ſon medicamēt correſpondant tant en phyſiognomie,Chyromancie,qu'Anatomie ; & quiconque des medecins n'a ce fondement, & philoſophique Alphabeth,ne merite de porter ce beau nom : car ces cafacteres & ſignatures naturelles, leſquelles nous auons dés noſtre creation,non marquées auec l'ancre,ains auec le doigt de Dieu (chaſqüe creature eſtant vn liure de Dieu)ſont la meilleure partie, par laquelle les choſes occultes ſont renduës viſibles & deſcouuertes ; ayant au preallable la cognoiſſance des quatre qualités, leſquelles ſont comme l'eſcorce des forces naturelles. Perſonne ne faict doubte que les choſes in-

ternes

ternes & inuiſibles ne ſoient plus nobles que
les externes & viſibles. Il eſt bien aſſeuré que
la maiſon eſt vne choſe externe,laquelle n'eſt
que pour l'habitant plus noble que les pierres , & bois, ny que tout l'edifice enſemble;
parce qu'il eſt vne creature viue & raiſonnable. Il s'enſuit donc que la ſignature eſt plus
noble que ces qualités; en fin ſans la faueur
de la Phiſiognomie & Chyromancie, par le
miniſtere deſquelles l'homme,non ſeulement
eſt deſcouuert, quoy que touſiours l'on iuge
de ſon interieur par quelques indices externes,ains encore les plus ſpecifiques vertus de
toutes choſes,voire meſme les plus grands ſecrets de la nature,à peine,diſ-ie,ſans la faueur
de ces deux ſciences peut-on auoir aucun ſe-
cret de medecine,lequel ſoit capable de ſouſ-
tenir l'examen de l'experience : car toutes les
creatures ſont des profeſſeurs en medecine,
creés par la bonté diuine.Noſtre premier Pro-
toplaſte Adam en ſon eſtat d'innocence , par
vne certaine predeſtination de l'art, ou par
ſcience infuſe, auoit la vraye & parfaicte cognoiſſance de toutes les choſes naturelles ; ſi
bien qu'il leur donna leurs noms ſi à propos,
que par iceluy l'on ne cognoiſſoit pas tant
ſeulement la choſe , ains encore ſa nature in-
terne:car par vn ſeul ſouffle Dieu enſeigna &
monſtra à l'homme les forces & la nature de
toutes les creatures. Il y en a & aura touſiours
quelques-vns, leſquels taxeront mes eſcrits
d'imperfection : toutesfois ie les prieray auec
autant d'affection qu'il me ſera poſſible, pour

l'vtilité

La raiſō pour-quoy Hermés Triſmegiſte diǎ que Dieu ſe faiǎ voir en ſes creatures, & reluiǎ par tout,& la cauſe pour laquelle il a fabriqué ce tout, n'eſt au-tre, ſinon qu'à fin que nous le recogneuſſiōs en toutes , & par toutes cho-ſes:car il n'y a rien au mōde qui n'aye en ſoy quelque eſchantillon de la vertu di-uine.

La Chyromā-cie & phyſio-gnomie don-nent les aſſeu-rāces des ma-ladies futures, & ce fonde-mēt ſcellé par le ſeau de la lumiere natu-relle prēd ſon aſſeurāce cer-taine de la ſcience magi-que. Geneſ.2. Aǎ.19.20.

Ceſt art a eſté communiqué aux hommes de la part de de Dieu, mo-yennant la lu-miere natu-relle.

l'vtilité & proffit des escoliers en medecine,
qu'ils en mettent au iour des meilleurs, &
mieux ordonnés que ceux-cy, ausquels neantmoins ie n'ay espargné diligence, soing, veil-
les, ny trauail : toutesfois i'estime que le Lecteur debonnaire, voyant l'effect de ma bonne volonté, aggreera ce mien commencement
des signatures: car à la verité aux grandes en-
treprinses, c'est assez d'auoir eu la volonté;
qu'il iouysse neantmoins de cecy, iusques à ce
que Dieu excitera quelqu'vn, lequel fauorisé
du ciel, donnera le dernier traict de pinceau
pour la perfection de ceste tant loüable & necessaire science des signatures. Amen.

AV LECTEVR.

AMy Lecteur, i'ay voulu faire vne recherche des noms des plantes, en ces signatures, laquelle pourra satisfaire en quelque façon à ta curiosité. Ie les ay mises en François,
Latin, Grec, Italien, Espagnol, Allemand, Flamand, & Arabe: toutesfois il y en a quelques-
vnes, lesquelles n'ont pas tous ces noms, dequoy ie t'ay voulu aduertir auparauant : mais
la raison est, qu'elles ne sont encor cogneuës
en ces pays-là : Prend ma peine à gré, & en
quelque autre façon ie tascheray de te mieux
contenter. Adieu.

DE

DE

LA SIGNATVRE

DES PLANTES,

REPRESENTANS LES

parties du corps

humain.

De la Teste.

E pauot auec sa couronne, que les *Les noms.* Latins appellét papauer, les Grecs μήκων, les Italiens papauero, les Espagnols dormidera, les Allemands maijsomen, & les Arabes thartax, repr. sente la teste & le cerueau: sa decoction est fort pro- *Les vertus.* pre pour les maladies de la teste.

Les noix, en Latin nux, en Grec κάρυον, en *Les noms.* Italien noci, en Espagnol nuezes, en Allemand vvolchuusz, en Flamand vekernoctenboon, en Anglois vualnuttree, en Arabe gianzi, ont tou- te la signature de la teste : car l'escorce verte *Les vertus.* par dehors represente le Pericrane; c'est pour- quoy le sel d'icelles sert pour les playes du Pe- ricrane.

L'escorce dure ressemble au crane.

La pellicule qui encloſt le cerneau, repreſente le meninge, ou membrane du cerueau.

Le noyau monſtre tout à faiᶜt le cerueau, à raiſon dequoy il en dechaſſe les venins, & pilé auec l'eſprit de vin, le conforte grandement, pourueu qu'on l'appoſe ſur iceluy en façon de cataplaſme, ou emplaſtre.

Les noms. Les petites fueilles de la fleur du piuoine que les Latins appellent pæonia, les Grecs παιωνία, les Italiens pæonia, les Eſpagnols roſa del monte, les Allemands peouienbltn, les Arabes feonia, ont encor quelque analogie auec la teſte, & les veines, leſquelles entourent le cerueau : car lors que leſdictes fleurs ſont proches à s'eſclorre monſtrent vne petite pel-

Les vertus. licule, laquelle reſſemble au crane, & par ceſte voye on chaſſe l'Epilepſie.

Les noms. L'Agaric eſt vne excreſcence, laquelle ſuruient en vn arbre nommé meleze, en Latin larix ou larex, en Grec λάριξ, en Italien & Eſpa-

Les vertus. gnol laria, en Allemand lerchenbaum, ceſte excreſcence ſuruient en forme de champignon, laquelle purge grandement bien la teſte.

Les noms. La Squille ou oignon marin que les Latins appellent cepa marina, les Grecs σκίλλα, les Italiens ſcilla, les Eſpagnols lebola albotraua, les Allemands meertzuuibel, & les Arabes

Les vertus. haſpel, eſt encore tres-vtile pour l'epilepſie à cauſe de ſa ſignature.

Des cheueux.

Les noms. Ce poil folet qui vient autour des coings

que

que les Latins appellent malum cydonium, les
Grecs μῆλον κυδώνιον, les Italiens melo coto-
gno, les Espagnols membrillo, les Allemands
kuttenopffel, les Flamands que perroboem,
les Anglois quintetræ, les Arabes saffargel, represente en quelque façon les cheueux : aussi *Les vertus.*
la decoction d'iceux fait croistre les cheueux,
lesquels sont tombez par la verolle, ou autre
maladie semblable.

La mousse que les Latins apellent muscus, *Les noms.*
les Grecs βρύον, les Italiens & Espagnols mos-
co, les Allemands moosz, & les Arabes axnee,
porte encor quelque signature des cheueux:
aussi mise en decoction faict fort bien croi- *Les vertus.*
stre les cheueux.

Il se treuue encor vne petite herbe aux
lieux humides & marescageux, cóme estangs,
semblable à des petits cheueux rouges &
blancs portant vne fleurette blanche, laquelle
mise en decoction a les mesmes vertus que
les autres.

L'adiantum, tricomanes, ou polytricon d'A- *Les noms.*
pulée en Latin capilli veneris, en Grec ἀδίαντον,
l'autre polytric en Grec τριχόμανες, en Alle-
mand vuildbrot, sont aussi plantes capillaires, *Les vertus.*
lesquelles rendent les cheueux espois, cres-
pellés, & plus beaux qu'ils n'ont esté.

Auicenne dict que le Thapsia, en François
Thapsie, en Grec θαψία, en Arabe autum ariz,
n'a pas son semblable pour les cheueux,

Des oreilles.

On faict vne conserue des fleurs du Asa- *Les noms.*

Les vertus. rium en François cabaret de muraille, laquelle mangée conforte extremement l'ouye, & la memoire.

Il se faut icy prendre garde que les coquilles cuittes en eau auec du sel commun escumées, & par apres broyées auec huille de succin, mises à la distillation, rendent vn huille qui est tout à faict admirable pour recouurer l'ouye.

Des yeux.

Les noms. Les grains noirs de l'herbe appellée Paris ou aconite, en Latin aconitum, en Grec ἀκόνιτον, salutaire, portant la signature des paupieres, desquels s'en tire vn huille tres-admirable *Les vertus.* pour le mal des yeux, à raison dequoy quelques-vns l'appellent l'ame des yeux.

Les noms. La fleur de l'Euphraise, que les Latins appellent Euphrasia, les Grecs εὐφροσύνη, les Alle- *Les vertus.* mands augenthrost, porte la marque & signature de tous les vices des yeux: aussi distillée, elle y sert grandement.

Les noms. La camomille, que les Latins appellent Anthemis ou camomilla, les Grecs χαμαίμηλον, les Italiens camomilla, les Espagnols mauzarilla, les Allemands camillen, les Flamãs roomsche, *Les vertus.* les Arabes debauigi.

Les noms. Lecaltha, en François pas d'asne, en Italien farfarella, les Grecs βήχιον, les Allemands roschuab, auec le hieracium, en Grec ἱεράκιον, du- *Les vertus.* quel le faulcon se sert pour chasser l'hebetude des yeux de ses petits, sont aussi grandement

ment propres pour le mal des yeux.

L'Argemone que les Latins appellent arge- *Les noms.*
mône, ou argemonia , les Grecs ἀργεμώνη.

L'Anemone que les Latins appellent Ane- *Les noms.*
mône ou herba venti , les Grecs ἀνεμώνη , les
Arabes iakaiak.

Le petit geneft , que les Latins appellent *Les noms.*
flos tinctorius,ou after atticus, les Allemands
gil bluom,ou ftreich.

La Scabieufe,que les Latins appellent fca- *Les noms.*
biofa, les Allemands apoftenkraut , font des
herbes fort propres auffi pour l'incommodité *Les vertus.*
des yeux.

· La fleur de l'argentine, que les Latins ap- *Les noms.*
pellent potentilla , les Allemands geuferich,
reprefente la paupiere des yeux : & diftillée *Les vertus.*
eft vn fingulier remede pour le mal des yeux.

La pierre appellee Belloculus , laquelle a *Le nom.*
comme vne paupiere ronde & noire , portée
entre les mains efclaircit & conforte la veuë. *La vertu.*

Du nez.

La mente fauuage,que les Latins appellent *Les noms.*
mentaftrum , les Grecs ἡδύοσμ☉ , ἄγ.☉ , les
les Italiens mentaftro, les Allemands vuilder
balfam, i'entens l'aquatique, porte les fueilles veluës femblables au nez , & la fleur
d'vne couleur rouge blanchaftre:l'extraict de
laquelle fert grandement pour ceux qui ont *Les vertus.*
perdu l'odorat.

Des Genciues.

La petite Ioubarbe,que les Latins appellent *Les noms.*
           fedum

ſedum minus, les Grecs ἀείζωον μίκρον , les Italiens ſemperuiuo , les Allemands haufzuurtz,
les Arabes Beiabalalen , eſt adherant aux murailles,& a la ſignature des genciues , à raiſon
Les vertus. dequoy le ſuc retiré ſert grandement au mal
qui ſuruient aux genciues.

Des dents.

Les noms. En la iuſquiame que les Latins appellent
hyoſciamus, les Grecs ὑοσκύαμος, les Italiens
iuſquiamo , les Eſpagnols velenho , les Allemands bilſaukraut, les Arabes bengi:le rece-
ptacle ou ſil porte la figure des dents mache-
lieres, duquel ſe tire vn huille ou liqueur, lequel mis en decoction auec le Perſicaire, que
les Latins appellent Perſicaria, les Allemands
Les vertus. Perſichkraut , & le vinaigre , puis mis chaud
contre les dents,appaiſe incontinent les douleurs.

On ſe peut encor ſeruir de la racine de la
iuſquiame,en tirant le ſuc au preſſoir , & puis
le meſler comme deſſus.

Les noms. Les pommes de l'acinus,ou epipetron, que
les Grecs appellent ἄκινος , les François pommes d'Adam,repreſentent les dents : auſſi leur
Les vertus. decoction ſert & proffite de beaucoup pour
les r'affermir , & oſter la villenie chancreuſe,
qui s'engendre autour d'icelles.

Les noms. Les noyaux du pin que les Latins appellent
pinus,les Grecs πεύκη,les Italiens & Eſpagnols
pino,les Allemands hartz baum , les Anglois
pine tre,les Arabes ſenabar, les Flamands pi-
nap

hap peiboom, les Bohemiens borouuict, ont
aussi quant à eux la signature des dents, & de *Les vertus.*
faict les fueilles du pin mises en decoction
auec le vinaigre, font les mesmes effects que
les susdites.

La dentelée que les Latins appellent den- *Les noms.*
taria ou dentellaria, les Grecs ἀφυλ᾽ ⊙, y est
aussi tres-bonne,& c'est ceste herbe à laquelle
la nature a voulu donner par vn admirable artifice,vne racine toute garnie d'escailles. *Les vertus.*

Du Gousier.

Pour le mal du gousier l'on faict vn garga- *Les vertus.*
risme de la pyrolle, que les Latins appellent *Les noms.*
pyrolla,les Allemands vualdmangolt, lequel y
est admirable,comme aussi celuy du vuularia,
que les François appellent laurier taxa, & du
ceruicaria.

Du foye.

Quant aux signatures du foye nous les treu- *Les noms.*
uons aux champignons, lesquels croissent au
pied des bouleaux, que les Latins appellent
fungus betulinus, les Italiens fongnio, les
Espagnols hongos cogomelos, les Allemands
pfifferling, les Arabes hatar, lesquels mis en
poudre, ont vne particuliere vertu d'arrester *Les vertus.*
le sang tant des playes que du nez estant iet-
tés dessus.

L'herbe appellée iecoraria, adhérante aux *Les noms.*
murailles des fontaines a aussi en soy vne par-

 ticu

Les vertus. ticuliere vertu pour les affections du foye.

Les noms. Le mesme faict aussi l'herbe appellée hepatica, ou herba Trinitatis.

Les noms. Les poires, que les Latins appellent pyrum ou pyra, les Italiens pere, les Espagnols pyras, les Allemands pyren, les Flamands perre, les Arabes kemetri, les Anglois pear, les Bohemes hrusky, portent aussi la signature du

Les vertus. foye; c'est pourquoy elles sont propres pour les affections du foye.

Du cœur.

Les noms. Le citron que les latins appellent *Citria*, les Grecs μηλέα μηδικὴ, les Italiens Cedri & Citroni, les Espagnols Cedras, les Allemands Citrinoep ffel, les Flamans Citrotæen, les An-

Les vertus. glois Citrontre, represente le cœur: aussi y est il propre, comme sont aussi deux des racines de l'Anthora, autrement antithora, ou antiphora, lesquelles representent deux petits cœurs : l'herbe appellée Alleluia porte des fueilles à la cime, lesquelles ont la signature du cœur.

Les noms. La Melisse d'Europe, que les Latins appellent *Melissophylum*, les Grecs μελιττόβοτανον, les Italiens Cidronella, les Espagnols Yerua Cidrea, les Arabes Marmacos, porte encor la

Les vertus. signature du cœur: à raison dequoy elle y est propre.

Les noms. L'agripaume, que les Latins appellent *Cardiaca*, les Allemands Hertszgspan, ou Hertzgsper; Et la Melisse Turquesque, que les Latins

tins

tins appellent *Molluca*, & les Turcqs Maſſel- *La vertu.*
ue,ſont encor plantes cordialles.

Le Nard, que les Latins appellent *Nardus*, *Les noms.*
les Grecs ναρδος, les Italiens Spegonardo , les
Eſpagnols Azumbar Eſpigaſil , les Arabes
cembul , les Mirobalans , que les Arabes appellent Azfar, les Indiens Rezenuale.   *Les noms.*

Les pommes de coings,que les Latins appellent *Malum Cydonium*, les Grecs μῆλον κυδώνιον , les Italiens Melocotogno , les Eſpagnols Membriiho , les Allemands Kuttenop-
ffel, les Flamans Queperroboem,les Anglois *Les vertus.*
Quintetræ , les Arabes Suffargel , portent la
meſme figure du cœur:& toutes ſont propres
pour iceluy.

Des Poulmons.

Il y a deux ſortes de *Pulmonaria* , que les *Les noms.*
François appellent herbe aux poulmons , les
Allemands Lingenkraut ; l'vne adhere aux
pierres,& l'autre aux arbres , mais cela n'im- *Les vertus.*
porte,car elles ſont toutes deux fort bonnes
pour les affections des poulmons.

Il y en a d'vne eſpece, laquelle eſt parſe-
mée de petites taches blanchaſtres , laquelle *Les verus.*
n'a meindre vertu que les autres , eſtant miſe
en decoction comme les precedentes.

Des Mammelles.

Le miroir des plumes de la queuë du
Paon nous en montre la figure, comme auſſi
du ventre des femmes ; c'eſt pourquoy miſes *La vertu.*
en

en poudre & prinſes auec le vin , gueriſſent
le mal des mammelles.

Du Fiel.

La vertu. Pour la purgation du Fiel , il faut prendre
l'eſcorce verte,qui encloſt la noix que les La-
Les noms. tins appellent *Iuglans*,les Grecs Κάρυον , & en
tirer le ſuc , qui eſt de meſme couleur & ſa-
ueur que le fiel ; & puis le boire , & l'on en
verra l'effect.

De la ratelle.

La vertu. Le mal de ratte eſt fort bien guery par la
Les noms. vraye Agripaune que les Latins appellent
Scolopendrium , & par l'aſplenum ou cetarach,
que les Grecs appellent ἀσπλωον, les Italiens
appellent herba Inodorata,les Eſpagnols Do-
radilha, les Arabes Holoſendrinus.

Les mũes. Par le lingua cernina que les Grecs appel-
lent φυλλίτης, les François langue de cerf , les
Allemands hirſzung. Par le lupin que les La-
tins appellent lupinus , les Grecs θέρμος , les
Italiens lupino,les Eſpagnols entramocos,les
Allemands feigbouein , les Arabes tonnus
ou tarinus , pourueu qu'elles ſoient miſes en
Les vertus. decoction & beuës le matin à ieun.

Du ventriculle.

Les noms. Les ſeules fueilles du cyclame ou pain de
pourceau que les Latins appellent Cyclamen,
les

les Grecs κυκλάμινος, les Italiens pan porcino,
les Allemands fchuuembrot, les Arabes bu-
chormarien, font admirables pour le ventri- *Les vertus.*
cule, ie dis les feules fueilles, parce que les
racines rendent les membres comme paraly-
tiques.

Le gingembre que les Latins appellent zin- *Les noms.*
giber, les Grecs ζιγγίβερ, les Italiens gengeuo,
les Efpagnols gengiure, les Allemands ing-
her, les Arabes zingibel, y eft auffi fort pro- *Les vertus.*
pre.

La galange en Latin galanga, en Grec γα- *Les noms.*
λάγγα, en Arabe caluegia, en Chinois lauan-
don, en Iaua laneuaz, eft le ventricule externe par lequel l'interne eft conferué. *Les vertus.*

Du nombril.

L'vmbilicus veneris que les Grecs appel- *Les noms.*
lent κοτυληδών, les Italiens ombilico di vene-
re, les Efpagnols efcudettes, les Tofcans co-
pertomole, porte fa fueille ronde, & concaue
laquelle imite de pres le nombril craffe &
charnu d'vne femme, & de faict il excite
grandement à l'amour, felon Diofcoride, *Les vertus.*
d'autant que tous les medecins affeurent que
le vray fiege de luxure eft au nombril.

Des inteftins.

Pour les inteftins on ne treuue guere leur *Les noms.*
fignature qu'au calamus aromaticus, que les
Grecs appellent Κάλαμος ἀρομάτικος, les Arabes

bes caſſab. Encore la caſſe, que les Latins appellent caſſia fiſtula, les Grecs κασσία μέλαινα, les Italiens caſſia, les Eſpagnols canella, les Allemands roërtim, en la ſignature : à raiſon dequoy on s'en ſert pour purger.

Les vertus.

De la veſſie.

Les noms.

L'alchechenge, que les Latins appellent alkekengi ; le ſolane dormitif, que les Latins nomment halicacabus.

Les noms.

La veſicaire, par les Latins veſicaria, ou cor indicum, ou piſum cordatum, porte des veſſies ſemblables aux humaines, au dedans deſquelles ſe treuue l'aciins enclos, lequel eſt admirable pour appaiſer & chaſſer le calcul.

Les vertus.

Les noms.

La veſicaire rampante, le ſtaphylodendros, le baguenaudier, ſelon les Latins colutea, & ſelon les Grecs κολυτέα. La morelle, en Latin ſolanum, en Grec σρήχνος, en Italien ſolatro, en Eſpagnol yerua mora, en Allemand nacht ſchadt, en Arabe alhomaleb, ont les meſmes vertus que les ſuſdites.

Les vertus.

Des parties honteuſes de l'homme.

Les noms.

L'aron, ſelon les Latins arum ou ariſarum, ſelon les Grecs ἀρόρδεν, ſelon les Italiens Aglio, ſelon les Eſpagnols ayou, les Allemands kurbloch, en monſtre la figure toute entiere, quelques-vns eſtiment que le ſatyrion erythreonum ou le ſatyrion de Paracelſe, que les Grecs appellent σατύριον, les Italiens ſatirione

rione, les Arabes gasi alchaleb : ou la serpentaire, que les Latins appellent dracontium
ou dracunculus , les Grecs δρακόντιον, soient
le vray Aron, parce que ces herbes ont la signature des parties : mais cela n'est aucunement : car apres leur maturité ces herbes de-
meurent couchées par terre si bien que l'on *Les vertus.*
les prendroit pluftoft pour serpens que pour
lesdites parties.

Les febues, selon les Latins faba, selon les *Les noms.*
Grecs κύαμος, Italiens faua, Allemands bouen,
Arabes habalté, representent naïfuement les
parties & principallement le bout, à raison
dequoy elles ont esté condamnées par Pytha-
goras : la farine des febues sert grandement *Les vertus.*
pour appaiser les inflammations , lesquelles
arriuent aux parties.

La decoction faite du corps ou tronc de la
cichorée ou endiue, que les Latins appellent *Les noms.*
cichorium ou intubus , les Grecs σέρις, les Italiens & Espagnols endiuia, les Allemands en-
diuien, les Arabes hundebe, represente la
verge: aussi est-elle extremement bonne pour *Les vertus.*
ceux qui sont maleficiez, ou qui ont l'esguil-
lette noüée , estant prinse par le dedans , &
mise en forme de fomentation par le dehors.

Le chou concaue du hieracion , herbe à *Les noms.*
l'espreuier , que les Grecs appellent ιεράκιον,
mis en decoction auec eau commune,& beuë
tous les iours tiede,est vn admirable specifi-
que pour l'inflammation & demangeaison de *Les vertus.*
la verge.

Les pois - ciches, que les Latins appellent *Les noms.*

Les vertus. piſa , les Grecs ὄσπρια κέδρωα , les Allemands erbſz , ont quaſi la meſme ſignature & vertu.

Les noms. Les fruicts du pin que l'on appelle en François pignons , & les piſtaches repreſentent *Les vertus.* auſſi le meſme, à raiſon dequoy mangées excitent à luxure.

Les noms. Les glands que les Latins appellent proprement glans , les Grecs βαλανπά, ont la ſi gnature du bout de la verge couuert par le *Les vertus.* prepuce, auſſi excitent à luxure.

Des teſticules ou genitoires.

Les noms. Parmy le genre des plantes bulbeuſes, tou tes les eſpeces de coüillon de chien que les Latins appellent orchis, les Grecs κύνας ὄρχις, les Italiens teſticolo di cane, les Eſpagnols coyon di perro, les Allemãds knabenkraut, les Arabes chaſſi alkes, excitét à luxure, à cauſe de *Les vertus.* la ſignature & ſimilitude, ils ſe peuuét reſou dre & corriger l'vn l'autre : car le plus haut, plus grand , & plus plein excite grandement au fait : mais le plus bas, mol,& ridé a vn ef fect tout contraire : car au lieu d'eſchauffer il *Vertu con traire.* refroidit, merueille de la ſageſſe de la nature, gouuernante de la generation des hommes, laquelle nous a voulu manifeſter çeſt admi rable threſor pour l'accroiſſement du monde, tant à cauſe de ſa ſignature que de ſon odeur, laquelle ne differe en aucune façon à celle de la ſemence ou ſperme viril. Le meſme effect *Les noms.* ſe remonſtre à l'eſſence du ſatyrion , que les Latins appellent ſatyrion, les Grecs σατύριον,

les

les Italiens satyrio ou satyrione , les Arabes
chassi, attrabeb, gasi alchaleb. Pour les hom- Les vertus.
mes froids lesquels ont presque perdu leur
chaleur naturelle , ces racines ressemblent si
fort aux testicules , qu'il est impossible de les
voir sans les cognoistre tout à l'instant.

Le couillon de bouc que les Latins appel- Les noms.
lent tragorchis, les Grecs aussi τράγορχις passe
outre : car ne plus ne moins que le bouc est
le plus luxurieux des animaux, de mesme ce- Les vertus.
ste racine excite mieux à luxure qu'aucune
autre espece des plantes bulbeuses que ce
soit.

Le satyrion rouge qui a l'escorce de sa raci- Les noms.
ne rouge , & blanche dedans excite aussi à
Venus, si on la tient seulement dans la main, Les vertus.
& mieux encor si on la boit , tesmoing Lobel
apres Dioscoride.

La grande serpentaire que les Latins ap-
lent dracunculus maior , les Grecs δρα- Les noms.
κόντιον , qui a la racine bulbeuse, à la façon
d'vn testicule prins dans du vin,a les mesmes
proprietez, pour ce qu'est de Venus, que les Les vertus.
susdites.

Le pourreau est tellement semblable à la Les noms.
caillette ou scrotum,que mesmes il en est venu en prouerbe,aussi excite-il à luxure. Les vertus.

Les fleurs de coüillon de chien, duquel Les vertus.
nous auons desia parlé excitent aussi bien à
luxure que les racines & mesmes ils rendent
la vigueur à ceux qui l'ont perduë.

Le boletus ceruinus a la signature des par- Les noms.
ties , c'est pourquoy il conforte, non seulement,

Les vertus. ment prins par dedans, ains encore appliqué par le dehors; & c'est pour les enfleures des testicules ou autres semblables affections.

Les noms. Le phallus batauicus, qui croit au riuages de la mer en Hollande, porte l'entiere signature:car on y void la verge, la couuerture du prepuce, & la bource des genitoires : c'est *Les vertus.* pourquoy il est tres-propre pour les maux qui viennent en ces parties.

Les noms. Les grumes du raisin du basilic sauuage, que les latins nommét acinus,lesGrecs ἄκινος, ont la signature du sexe masculin & feminin, *Les vertus.* à raison dequoy les anciens disoient que sans
Sine Cerere Ceres & Bacchus.Venus estoit froide.
& Baccho
friget Venus.

De la matrice & du ventre.

Les noms. La sarrasine,que les latins appellent aristo-lochia rotunda, les Grecs ἀριστολοχία, les Al-lemands holtmurtz, les Arabes zaraund mas-*Les vertus.* mocra,i'entends la femelle,imite de fort pres le ventre de la femme : à raison dequoy elle sert grandement pour la deliurance des fem-mes.

Les noms. Les pois aussi desquels nous auons parlé à la signature des parties virilles.

Les noms. Le bouleau ou bes,que les latins appellent betula, les Grecs σημύδα, les Italiens bettola, ceux de Trente bedollo, les Allemands Bir-chenbaum, les Bohemes briza, a vne escorce *Les vertus.* interieure verté,laquelle porte tout à faict la signature de la matrice auec ses petites veines sanguines,à raison dequoy mise en decoction
sert

fert grandement pour la purgation de la matrice.

Le faunier ou fauinier, que les latins appel- *Les noms.*
lent fabina, les Grecs βράθυς ou βαρύβρον, les Italiens fabina auec les Efpagnols, les Allemands
febenbaum, les Flamands fauelboon, les Anglois fauintre, les Arabes abhel, les Bohemiés
Klaſterska cuuogka, porte la fignature des *Les vertus.*
veines de la matrice, à raifon dequoy il dif-
fout le tartre dans les veines des femmes.

La pomme de grenade que les latins appel- *Les noms.*
lent malum punicum, les Grecs ρόα ou ρόα,
les Italiens melagrano, les Efpagnols grena-
das, les Allemands granotoepffel, les Anglois
pomaranat tree, les Arabes kuman ou ruman,
monſtre fort bien comment eſt - ce que l'enfant fort de la matrice : car cefte pomme eſtãt
meure, s'ouure au moindre ventelet, ou mau-
uais temps, & eſtalle fon fruict qu'eſt dedans; *Les vertus.*
le mefme fait l'enfant : car la matrice s'ouure
de mefme façon que l'efcorce de la grenade.

Le pain de pourceau chez les latins cycla- *Les noms.*
minus, chez les Grecs κυκλάμινος, chez les Italiens cyclamino, chez les Allemands erduurtz
& fcamenbrot, chez les Arabes bochorma-
rien, auec fa racine bulbeufe reſſemble tout à *Les vertus.*
faict le ventre de la femme, à raifon dequoy
Theophraſte, dit qu'il excite grandement à
l'amour.

L'herbe appellée leontopetalon par les la- *Les noms.*
tins, qui veut autant à dire que fueilles de
lyon en François, en Grec λεοντοπέταλον, a la
racine bulbeufe & veluë, laquelle monſtre

Ddd tout

tout à fait les parties d'vne femme à laquelle
Les vertus. le poil commence seulement à venir : aussi
portée elle excite grandement à luxure.

Les noms.   L'escorce de la muscade, ou selon les latins
macis, represente fort à propos la matrice par
Les vertus. sa signature : car elle encloft la noix de mesme que la matrice fait l'embryon.

Des reins.

Les noms.   Il ne s'est encore treuué aucune plante qui
aye porté la signature des reins, que le pour-
pier, que les latins appellent portulaca, les
Grecs ἀνδράχνη, les Italiens porcelachia, les
Espagnols verdolagas, les Allemands burtzel-
Les vertus. kraut, les Arabes batzleanchas : aussi sert-il
pour le rafraischissement d'iceux.

De l'arriere-faix des femmes.

Les noms.   Les lys d'estang, que les latins appellent
nymphæa, les Grecs νουφαία, les Espagnols
hijos del rio, les Allemands vueysscheblao-
men, les Arabes ninofar, porte la signature
Les vertus. de l'arriere-faix des femmes : à raison dequoy il le fait sortir auec vn grand contentement.

De l'espine du dos.

Les noms.   La presle, selon les latins equisetum, les
Italiés coda di cauallo, Espagnol coda di mu-
la, Grec ἱππουρις, Allemand rosszchuuantz,
Arabe

Arabe dheuben, alehail, ou dembalchil, en porte la vraye signature: car la tige se demôte tout de mesme, est faicte à petites pieces, comme l'espine: aussi est-elle bonne pour le mal des reins. *Les vertus.*

La feugiere, que les latins appellent filix, les Grecs πτέρυς ou πτέρυον, les Italiens felce, les Espagnols heleco yerua, les Allemands vvaldtfarn, les Arabes sarax (estant de la femelle) porte vrayement la signature de l'espine du dos : aussi mise en decoction auec vin & eau, est vn tres-excellent remede pour les douleurs des reins, si l'on continuë d'en faire onction quelque temps, la preuue en donnera asseuré tesmoignage. *Les noms.* *Les vertus.*

Des grands os.

L'herbe appellée en François grace de Dieu, en latin gratia Dei, en Italien stanca cauallo, represente naïfuement les os, & pour ceste cause l'on s'en sert en poudre pour la fracture des os. *Les noms.* *Les vertus.*

L'offisana ou pierre sablonneuse, laquelle se treuue proche de Spire, fait des miracles pour racommoder les os rompus,& son effect procede de la signature. *Les noms.* *Les vertus.*

Des nerfs & veines.

Le plátain,selon les latins plantago & arnoglosson,les Grecs l'appellent aussi ἀρνόγλωσσον, les Italiens Piantagine, les Espagnols llan- *Les noms.*

ten, les Toscans centinerbia, les Allemands
vvegerich, en porte l'entiere signature, voire
encore la figure chiromantique des mains &
des pieds, selon la disposition de ses fueilles.

Les vertus.

La sauorée, appellée en latin clauina, en
Grec θύμβρα, en Italien sauoregia couiella,
en Arabe sabater ou sabatar : donne encor
beaucoup d'air aux veines pour sa signature,

Les noms.

Les vertus.

Des pores de la peau.

Les fueilles d'hypericon, en François mille
pertuis, en Grec ὑπερικὸν ἀνδρόσαιμον, en Italien hyperico, en Espagnol coraconcillo, en
Allemand coanskraut, en Arabe recofricon,
ont la signature desdits pores, c'est pourquoy
l'on s'en sert pour l'obstruction d'iceux, &
pour la sueur.

Les noms.

Les vertus.

Des mains.

La paulme de Christ, que les latins appellent palma Christi, les Grecs κρότων, les Italiens Girasole, les Espagnols figuera de l'in-
ferno, les Allemands creatzbaum, en porte
la signature, comme font aussi les fueilles de
figuier, appellé selon les latins ficus, en Grec
συκῆ, en Italien fichi, en Espagnol higos, en
Allemand feighen, en Flamand fniguenbaum,
en Anglois fage tree, ou fiikstepei, en Arabe
fin, en portent aussi la signature, à raison de
laquelle l'on s'en sert pour les douleurs des
articules des mains.

Les noms.

Les vertus.

Fin de la signature des plantes.

S'EN

S'ENSVIVENT LES
signatures des maladies.

Et premierement

De l'Apoplexie.

LA fleur du lys porte la signature d'vne goutte : car elle est pendante de la mesme façon, & à cause de sa signature l'on s'en sert fort heureusement pour ceste maladie.

La pierre du poisson nommé Carpion, faite en façon d'vn croissant, ou demy lune est aussi grandement recommandable pour l'apoplexie.

Du calcul ou grauelle.

Tout ce que chasse le calcul, est magiquement signé par quelque similitude, laquelle par ses images demonstre fort aisément la maladie,

Et sont le Christal,

Le caillou,

Lapis citrinus	pierre citrine.
Lapis Iudaïcus	pierre Iudaïque.
Lapis lyncis	pierre du lynx.

Quant à la pierre du lynx, que i'appelle lapis lyncis n'est autre chose que son vrine, laquelle se petrifie & endurcit, voila l'occasion pourquoy l'on s'en sert au calcul.

                    Encore

Encore la pierre d'vn homme qui aura esté taillée.

Les racines du saxifraga.

Le milium solis.

Lequel milium solis porte la signature du calcul, à cause de sa candeur & rondeur semblable aux perles; l'on le met au nombre des semences dures, fort vtile & conuenable pour ladite maladie.

Les fruicts & filets du resta bouis, ou arreste bœuf, porte la mesme signature & est vtile à ladite maladie.

Les noyaux des cerises, pesches, & neffles ont encor la mesme signature & proprieté, auec plusieurs autres semblables, lesquelles viennent au temps de l'Automne.

Les cappes sont encore compris au nombre desdictes choses, portants la signature du calcul.

Des chancres.

Le dactyletus porte la signature des chancres; à raison dequoy (selon Paracelse)estant beu guerit le chancre, quelques-vns croyent que les hermodactes d'estrange pays, lesquels semblent se remettre dans leur centre, auec leur racine ronde font le mesme que le chancre.

L'herbe appellée lunaria porte encore la mesme signature, & de fait Carrichter docte medecin, asseure qu'auec ce simple il a autant guery de chancres aux mammelles, qu'il s'en sont presentez à luy.

La rorella, autrement ros solis en fait de mesme

me à cause de sa signature.

De la colique.

Le conuoluulus qui croist parmy les bleds represente les intestins, à raison dequoy l'ayant mis en decoction, est vn remede singulier pour la colique.

L'anguille est vne vraye peste pour la collique.

Des cicatrices.

L'oliuier.

Les ormes.

Et toute sorte d'arbres portans raisins, lesquels ont l'escorce fenduë, sont des remedes tres-asseurez tant pour les playes, que pour les cicatrices.

De la dysenterie.

La racine de l'acorus aquatique iaune, cueillie au mois de May, & posée sur la region du ventricule, est vn tres-excellent remede pour la dysenterie : car elle porte la signature & couleur dés excrements.

Le mesme font les grains du sambuc, ou suyer.

De l'Erysipele.

La decoction faite de la semence de l'oxylapathon, qui a la couleur de chair, non tout à faict rouge ; est vn remede tres-asseuré pour l'Erysipele.

Le colchotar de vitriol, calciné auec violence, & dissout auec eau de plantain, apposé exterieurement, y faict aussi des merueilles.

L'acorus de marest a les mesmes vertus pour l'erysipele.

De

De l'Epilepſie.

Le guy de cheſne faict meurir la maladie.

Les ſemences noiraſtres du piuoine, ou pæonia, pourueu qu'elles ne ſoient encor venuës à maturité, dechaſſent fort aiſément la meſme maladie.

Pour la meſme maladie le petit os ou oſſiculum du crane d'vn Epileptique ou d'vn pendu, y eſt tout à faict admirable, ie dis d'vn pendu, parce que tous ceux qui ſont pendus ſont ſurprins de l'epilepſie en l'agonie, lors que l'eſprit vital enclos, cherchant quelque ſortie, eſt ſuffoqué, on le peut exhiber au commencement du paroxyſme, au croiſſant de la Lune.

Paracelſe tient encor que le paſſereau ou moineau y eſt fort propre, à cauſe de certaine vertu occulte.

Des excreſcences.

L'Agaric & toutes les autres excreſcences des arbres, ſoit qu'elles arriuent aux branches, fuëilles, ou ailleurs, ſont fort propres à guerir les excreſcences, leſquelles arriuent au corps humain.

De l'Exantheme.

La ſemence des raues en porte la ſignature, comme font auſſi les lentilles, leſquelles miſes en decoction dechaſſent brauement ceſte maladie.

Du fic.

L'vn & l'autre ſcrofularia, c'eſt à dire les deux eſpeces le gueriſſent, auſſi portent-elles la vraye ſignature de ceſte maladie, à raiſon

dequoy

déquoy la decoctió prinfe le matin auant que
manger, fert grandement contre ladicte maladie, on peut encor en faire vn fermaillet, & le
porter pendu au col, pourueu qu'il paruienne
iufques à l'orifice fuperieur de l'eftomach, on
en-verra les effects.

Des fiftules.

Le ionc aquatique en a la vraye fignature,
& de faict le fel tiré d'iceluy artificiellement,
felon l'art chymique, puis donné tant par le
dedans, qu'appliqué par le dehors, eft admirable pour les fiftules.

Le rapunculus à la fleur iaune, porte la
mefme fignature, & eft doüé de la mefme
vertu.

De l'enfant dans le ventre.

Les pierres Ætites, ou pierre Aquillée, porte la fignature des femmes enceintes : car elle
en contient vne autre petite dedans foy, pour
fon vfage il ne faut que l'attacher au bras gauche de la femme qui eft au mal de l'enfant, &
puis quand elle fent que les fortes trenchées
la faififfent, il la luy faut mettre fur la cuiffe
gauche, & l'on void que par fon moyen la
femme fe defliure fans danger, & auec peu de
douleur : mais il fe faut prendre garde de l'o-
fter incontinent apres que l'enfant eft dehors.

De l'enfant accreu dans le ventre.

Les grains de la fleur du tillet y proffitent
beaucoup: i'entends de ceux qui font creus fur
le pied de la fueille, à caufe de la fignature:
toutesfois il faut notter qu'ils doiuent eftre
cueillis le iour de la decollation de S. Iean:
pour

pour ce qu'eſt de l'vſage, il en faut donner cinq grains à la femme enceinte, ayant au preallable ietté l'eſcorce exterieure.

Des malefices.

Toute ſorte d'herbes ſortans par la fente, ou trou naturel de quelque pierre, y apportent beaucoup de ſoulagement.

De l'hernie ou rupture.

Pour cette maladie on a couſtume de ſe ſeruir des racines

d'Arum.

Perfoliatum, percefueille.

Herniaria.

Et du Telephium.

Outre leſquelles racines les fueilles du freſne en portent encor la ſignature; auſſi l'huille extraict d'icelles ou du bois meſme, y ſert fort efficacement.

Au mois de May ſortent quelques yeſſies aux fueilles d'orme, pleines d'humeur, leſquelles y portent vn grand ſoulagement.

Ces petites pômes encore leſquelles croiſſent ſur les fueilles des cheſnes au mois de May, miſes dans vn verre, & reduittes de ſoy en liqueur au ſoleil, y proffitent encor grandement, pourueu que l'on continuë l'inonction de ladicte liqueur.

Quant à la ſignature naturellement magique, il faut obſeruer que tous les animaux, leſquels ſe peuuent allonger & r'accourcir, quád bon leur ſemble, y ſont grandement proffitables.

Le muſeau ou cornet de l'Elephant, n'a pas
moins

moins de pouuoir enuers ladicte maladie,
estant calciné & puis appliqué dessus.

La tortuë y peut encore beaucoup, estant
calcinée comme le reste.

L'hirundo spinosa distillée ou bruslée, puis
mise en cendres, faict aussi des mesmes effects
pour les ruptures. Il y a des rompus lesquels
sont guaris par la seule inonction de l'huille
faict de l'hirundo spinosa.

De l'hemorrhagie.

La decoction du sandal rouge faicte auec le
vin, arreste incontinent le flux de sang.

La racine de tourmentille a les mesmes proprietez.

La pierre hematites, coroneolus, sarde, &
les coraux, mis & enclos dans la main, arre-
stent encor le sang.

La sixiéme espece du geranium, laquelle a
la racine rouge, est aussi admirable pour arrester le flux de sang.

Le chalcanthum bruslé se rend de couleur
sanguine, & a la vertu d'arrester le flux qui
prouient de la veine du cerueau, ou de la poi-
ctrine.

L'anagallis masle de couleur sanguine, estãt
pressé dans la main iusques à ce qu'il soit es-
chauffé, arreste le sang, voire mesme quand la
veine seroit coupée.

Des hemorrhoïdes.

Toutes sortes d'herbes ou plantes veluës,
ou ayans les fueilles comme cottonées, sont
propres pour les hemorrhoïdes, d'autãt qu'elles abhorrent tout ce qui est aspre & rude.

Les

Les fueilles du verbafcum, ou tapfus barbatus, mifes en decoction, feruent grandement pour la cure de ladicte maladie.

L'œil ou bourgeó du peuplier maceré auec huile d'olif y eſt auſſi admirable, meſmes ſa femence de couleur ſanguine, repreſente naïfuement les feſſes.

L'herbe appellée pied de lieure miſe en decoction y faict auſſi des merueilles.

Le meſme faict l'herbe appellée ſcrofularia.

L'Aron minus a les meſmes vertus que les autres pour ladicte maladie.

La decoction faicte de l'herbe appellée queuë de loup, y eſt admirable.

De l'hydropiſie.

La racine du bryonia porte la ſignature & reſſemblance des pieds de l'hydropique, à raiſon dequoy l'extraict d'icelle faict ſortir les eaux des hydropiques.

La racine appellée Mechoacan a les meſmes proprietez.

L'herbe appellée dentaria, dentelée, porte encore la ſignature du cœur hydropique, & enflé: auſſi y proffite-elle beaucoup.

La mouëlle du bois de ſuyer ſortie, laiſſe ſon veſtige caue, de meſme que nous voyons aux pieds des hydropiques; c'eſt pourquoy ſon ſuc y eſt fort excellét, de meſme que l'eau diſtillée des champignons, leſquels viennent au pied du ſuyer.

Les peſches ont encore la ſignature ou phyſiognomie de l'hydropiſie, à raiſon dequoy les fueilles & fleurs de peſchier auec les no-

yaux de pefches feiches,& puluerifés, & puis
donnés en deuë quantité , purgent grandement les tumeurs de l'hydropifie.

De l'ifterie.

La chelidoine & le faffran y proffitent à
caufe de la reffemblance en couleur, encor la
racine du curcuma, le mefme font

La centauree.

Les poulx.

Et les efcarbots iaunes.

La peau interieure & iaune de l'herbe appellée oxyacantha,faict le mefme.

La peau verte qui eft au milieu du bois , &
de l'efcorce externe du fuyer.

La pierre iaune que l'on treuue dans le fiel
d'vn bœuf,guerit auffi la mefme maladie.

La racine de l'anchufa ou orcauette de couleur rouge,& amere en faueur , mife en decoction y fert de beaucoup.

Le poiffon qu'on appelle tanche mis en vie
fur le nombril, iufques à ce qu'il foit mort , y
apporte auffi vn grand foulagement.

Les fleurs printanieres , qu'on appelle pri-
mula veris,y font grandement proffitables , fi
on en prend demy drachme durant quelque
temps,le matin auant que manger.

Des lentilles.

L'efcorce du bouleau tachetée des macules blanches,femblables quafi au plumage d'vn
eftourneau,ofte les macules & lentilles du vi-
fage.

Les fleurs du fambuc ou fuyer mifes en decoction ont la mefme vertu.

De

De la lepre.

Les fraises ont la signature de la lepre, à
raison dequoy l'eau tirée d'icelles par distillation rend la face du lepreux pasle, laquelle à
cause du mal a coustume d'estre rougeastre;
notte neantmoins que ce n'est pas tout d'en
lauer les macules : car il en faut encor boire:
pour tesmoignage de cecy voy Raymond Lulle, lequel faict grand estat de l'vsage des fraises macerées auec esprit de vin pour la lepre.

En son liure de quinta essétia.

Les viperes sont aussi fort recommandables pour les lepreux, pourueu que la chair en
soit bien preparée.

Des vers.

Ces legumes que l'on appelle communement
vesces, ont la signature des vers, aussi la decoction faicte d'icelles, sert grandement pour
les faire sortir hors du corps.

Dans le concaue interieur des roses cani-
nes, ou roses de chien, se treuuent quelques
fois de petittes tignes blanches encloses, desquelles plusieurs se seruent pour chasser les
vers, estans mifes en poudre, puis beuës dans
d'eau ou du vin, ou quelque liqueur que ce
soit.

Des menstrues rouges.

Pour la superfluité des menstrues, il faut
vser de l'artemise rouge: car c'est vne herbe
admirable pour arrester le desbordement des
mois.

Des membres corrompus.

Le saule ne porte aucune semence, ains vne
branche coupée, quoy qu'elle soit quasi sei-
che,

che,puis fichée en terre prend librement racine,ce qui nous monftre que fa vertu eft fort
grande:donc pour les membres quafi corrom-
pus, il faut faire vn bain de la decoction dudict bois,car il y ayde grandement,& au proffit & vtilité du patient.

Des macules.

Les aulx.

L'Arum.

Le dracontium.

Le perficaire.

L'hirundinaria minor.

Et toutes les plantes maculées, à caufe de
leur fignature, effacent les macules du corps
humain.

Des nœuds ou verruës.

La mercurialle auec fes nœuds mife en decoction auec la mechoaça ofte tout à faict
les verrues.

De la prunelle ou goitre.

Le fel armoniac & fa liqueur diftillée
auec le fuc du ftratiotes d'eau, eft vn medicament admirable pour cefte infirmité : car
il attire le realgar tartarique fublimé adherant au goufier, lequel rend la langue noire.

Les fleurs de l'herbe appellée brunella reprefentent le goufier par leur forme, auffi fe
rendent-elles recommandables pour cefte
maladie.

Des poincts des coftez.

Le chardon benift contient en foy la vraye
cure des pleurefies.

Le chardon Mariæ diftillé & mis en decoction

ction a les mesmes proprietez.

L'herbe appellée langue de cheual, porte ses fueilles differentes, chose laquelle monstre les merueilles de la nature, les vnes sont fort aiguës, les autres non, & celles lesquelles sont les plus aiguës, sons grandement profitables pour le mal des costez.

Quant aux points, lesquels arriuent par tout le corps, il faut prendre l'osficulum ou la machoire d'vn brochet, & la mettre en poudre, puis la donner à boire au malade, & à l'instant il se sentira allegé & guery.

L'herbe appellée consolida regalis, laquelle pour l'ordinaire ne porte que trois, ou neuf fleurs, y est grandement proffitable.

Des apprehensions ou fantosmes.

Les petits filaments ou veines, lesquelles sont sur la fueille de l'hypericon, ou mille pertuis, cueillies en certain temps, & auec methode chassent tous les fantosmes, ou esprits fantastiques des hommes, & c'est sans aucune superstition, & de fait le nom Grec ὑπὲρ εἰκόνας, denote qu'elles ont puissance sur les spectres, aussi l'herbe s'appelle fuitte des demons, selon aucuns, à raison dequoy Raymond Lulle tres-expert philosophe, dict fort bien que la fumée de la semence de ladite herbe chasse mesme les demons, lesquels ont accoustumé de bruire dans les maisons.

Petrus Neapolitain asseure encor que ceux, qui sont possedez par les demons ne peuuent sentir, approcher, moins encore porter sur

eux

eux ladicte herbe : car comme le soleil celeste
chasse tous les mauuais esprits, lesquels ont
coustume de se resiouyr parmy le silence af-
freux des tenebres ; de mesme l'hypericon,
herbe principale outre toutes les solaires, appellé soleil terrestre par Paracelse, a esté remarqué par luy-mesme auoir la mesme puissance que le soleil.

La ruë encore à cause de la forme de sa
graine: car elle est faicte en forme de croix.

Encor la croix naturelle de la semence du
geneure, & principallement les grosses, lesquelles semblent presque d'auelaines; telles
que i'en ay veu au bord de la mer tyrrhene
aux champs de Naples, & de faict l'experience
monstre, qu'elles proffitét grandement à ceux
lesquels sont possedés par les malings esprits.

L'herbe appellée Anthirrinum sert aussi
pour les enchantemens ou phantosmes, & sa
semence represente le test d'vn mort.

Du Panaris.

L'Angelique ou Archangelique, & l'ortie
blanche en portent l'entiere signature ; c'est
pourquoy brisées & apposées dessus tuent incontinent le panaris.

De la Peste.

Le crapaut, les coquilles, & grenouilles, mises sur le mal attirent tout le venin, mesmes
celuy qui les porte sur soy en est exempt, remarque que les signes de la peste future se
voyent & cognoissent aux langues des grenouilles, parce qu'elles sont toutes maculées
& tachetées : prens toy garde aussi que lors

que tu verras vn nombre de grenouilles en-
femble , lefquelles fe monteront les vnes fur
les autres ; c'eft vn figne tres-affeuré , qu'autant qu'il y aura de ces grenouilles fe cheuau-
chant , autant enterrera-on de corps pour ladicte maladie.

Le faphir porte la fignature de l'anthrax, &
du charbon, & ie croy que perfonne n'ignore
qu'il ferue beaucoup à cefte maladie , quoy
que le lezard y aye beaucoup de pouuoir.

La germandrée auec fa pomme ronde porte encor la fignature de la pefte , à raifon dequoy ceux lefquels en font atteints doiuent
mafcher ladicte herbe tous les iours ; notte
qu'il faut qu'elle foit venuë au mefme climat
que le malade eft,& tant plus proche du malade elle fera , tant meilleure fera elle auffi
pour fa fanté.

Les gales ou noifettes lefquelles viennent
aux chefnes, ont la mefme proprieté, aufquel-
les toutesfois l'aage ne faict rien: car elles font
auffi bonnes vieilles que nouuelles , pourueu
qu'elles foient appliquées fur le mal.

Les noifettes machées ont encor la proprieté d'attirer le venin de ladicte maladie.

De la Gonorrhee.

L'ortie morte,& le Galeopfis mis en decoction, font grandement recommãdez par Car-
rictherus en cefte maladie.

Des efcroüelles.

L'vn & l'autre fcrofularia , c'eft à dire les
deux efpeces , le mafle & la femelle y font
grandement proffitables.

Le

Le petit scrofularia ou chelidonium minus,
la racine duquel semble vn petit amas de
grains de froment, y proffite autant que chose que ce soit.

De la squinancie.

Les fruicts du meurier en portent la signature, à raison dequoy le gargarisme faict du
suc des meures & des fueilles du meurier y
font des merueilles.

De la gale du corps & des pieds.

Pour ce qui est de la gale susdicte on peut
faire vn medicamént admirable, sçauoir des
arbouses, que l'on nomme en Prouence d'er-
bouses, c'est vn fruict lequel vient pour l'ordinaire aux forests, en vn arbre, lequel a la
fueille semblable au laurier, le fruict est rond,
faict comme vn herisson, lors qu'il est plié; de
ce fruict on s'en sert auec la masse morte du
vitriol, son vsage est tousiours par le dehors.

La scabieuse auec ses petits gobelets, lesquels viennent à la cime de la plante, est encore fort propre pour ladicte gale, de laquelle
elle porte la signature; outre ce la decoction
faicte du pelipodium, y est fort vtile, & c'est à
cause de sa signature.

Des escailles de la peau.

La vigne & tous autres arbres portans cóme raisins, lesquels toutesfois laissent leur escorce, sont grandement propres pour faire
perdre ces escailles, lesquelles viennent au
corps.

Quant aux escailles lesquelles viennent à
la teste, on se doit seruir de la feugiere.

       Des

Des escailles des pieds.

Les escailles du fer ont la signature de celles lesquelles suruiennent aux pieds, ou aux
leures : car comme ceste escorce est poussée à
la superficie par la chaleur, de mesme par l'art
de la nature la separation des excrements des
mineraux se faict au corps de l'homme, à raison dequoy le crocus Martis, & l'huille de
Mars proffitent beaucoup en tels accidents.

Du spasme.

Les limaçons blancs ont vne certaine pierre, laquelle exhibée sert grandement à ceux
lesquels sont subiects à telle maladie.

Le iarret d'vn lieure a les mesmes effects
que la pierre du limaçon pour la susdicte maladie.

Des apostumes venans à la gorge.

La racine du gladiolus a certaines bosses,
lesquelles seruent grandement pour guerir ladicte maladie.

La racine de l'herbe appellée scrofularia y
est encor grandement propre à cause de sa signature : car elle est toute garnie de petittes
bosses, lesquelles representent naïfuement ces
apostumes : aussi sert-elle auec vn grand contentement pour la guerison des vlceres stru-
meux prouenans d'vne humeur froide : car
elle les r'amollit auec vn grand soulagement
du malade, outre le contentement du medecin.

Le figuier y est encor fort vtile, à cause de
la similitude qu'il a auec ces bosses strumeuses.

L'Espon

L'esponge marine est encor doüée des mesmes vertus que les Plantes susdictes.

La racine bossue du flambier oste encor les susdictes bosses, à cause de sa signature.

Les modernes se seruent encor de la racine de l'herbe appellée scrofularia minor, laquelle semble estre vn amas de grains de froment, comme i'ay desia dict: toutesfois il se faut prendre garde de ne se seruir que de trois ou quatre desdictes bosses, & sont celles lesquelles sont faictes en long, & non les autres rondes ; la raison pourquoy ie l'asseure, c'est que moy-mesme en ay voulu faire l'experience.

Le sel ongarique ou autrement transyluain, est fait en grumes à la façon de ces bosses strumeuses, l'vsage duquel (aussi bien que du sel des perles) est fort recommandable, selon l'opinion & experience de Paracelse, pour ladicte maladie.

Des meurtrisseures ou contusions.

Pour les meurtrisseures ou contusions, il se faut seruir du persicaire maculé, lequel a ceste proprieté particuliere de les oster tout à l'instant.

Le chelidonium minus faict les mesmes effects à cause de sa signature : car meslé auec quelques onguents, desquels on puisse faire liniment, oste non seulement les tumeurs & meurtrisseures, ains encor les macules ou cicatrices externes, on le peut encor accommoder auec le vin, le macerãt fort & ferme, pour faire sortir le sang qui seroit figé dãs le corps:

car

car il opere en ce cas quaſi miraculeuſement.

Du tartre au ventricule.

Le caſſutha ou cuſcuta en porte la ſignature,à raiſon de laquelle mis en decoction, y eſt
grandement proffitable.

De la retention de l'vrine.

Pour la retention d'vrine il faut faire ſei-
cher la moüelle,laquelle eſt dans la concauité
du calamus anſerinus, & puis le broyer &
meſler auec le vin, & le boire,& aſſeurement
fera piſſer tout à l'inſtant celuy qui aura beu
ledict vin.

Le boyau argentin qui ſe treuue au ventre
des haräs, lequel le vulgaire des peſcheurs appelle l'ame des harans, pulueriſé & exhibé
auec vin,fait tout auſſi toſt ſortir l'vrine rete-
nuë.   *Du venin.*

L'herbe appellée ſyderica,& le dracontium
minus , ont la figure d'vn ſerpent à chaſque
fueille,d'où nous colligeons que la decoction
faicte d'iceluy,eſt tres-efficace pour la morſure des ſerpens.

L'herbe appellée dracunculus minor , par
vn miracle de nature ne ſort iamais hors de
terre qu'alors que les ſerpens commencent à
quitter leur ſejour ſouſterrain , & demeure
autant dedans la terre que les ſerpens meſmes,& de faict c'eſt choſe aſſeurée, que ſitoſt
que le dracunculus ſe perd , les ſerpens gai-
gnent les antres & cauernes ſouſterraines,&
ſe cachent ; ſi bien que la mere nature nous
a voulu donner le remede auſſi toſt que le
mal,& le bouclier auſſi toſt que l'ennemy.

Pour

Pour la morfure des viperes on fe peut encore feruir de la biftorte, de la ferpentaire, & de la couleuurée.

L'herbe appellée ophiogloffon ou langue de ferpent, a tiré fon nom de fa figure: car elle eft faicte de la mefme façon, que la langue d'vn ferpent, qui a enuie de bleffer quelqu'vn.

Parmy les efpeces des aulx, l'ophiofcorodon porte la fignature des ferpens.

En fin toutes plantes lefquelles reffemblent à la defpoüille maculée du ferpent, ou à la diuerfité des couleurs du vipere, ou qu'en fin ont la figure des ferpens en quelle façon que ce foit, font propres contre la morfure defdicts animaux.

Des verruës.

Les verruës font gueries auec le nœud du tuyau du froment, quelqu'vn s'en pourra eftonner: mais ie veux qu'il fçache que la cure eft aymantine ou magnetique, que l'on dict ordinairement: car il faut tant feulement toucher les verruës, & puis ietter ces tuyaux au fumier: car lors que le tuyau pourrira, les verruës fe perdront infenfiblement.

Des playes

Le fapena qui vient au bord des eaux, ou l'hydropiper, lequel vient dans les lieux humides & marefcageux, portant des maculés fanguines fur les fueilles, fert grandement à tous les fymptomes, lefquels peuuent arriuer aux playes recentes; le mefme faict le perficaire au pied rouge, & de faict Paracelfe appelle le

        perfi

perficaire, Mercure terreftre ; affeurant qu'il contient en foy l'influence carnale, ou l'attractif influent ne plus ne moins que le foleil & les autres aftres : car les fuperieurs attirent des inferieurs, & les inferieurs des fuperieurs; en fin les fueilles d'iceluy ont la fignature des gouttes de fang.

Les fueilles d'hypericon, ou mille pertuis font fort bonnes pour toutes les bleffeures de la peau, tant internes qu'externes ; & d'autant que les fleurs putrefiées deuiennent rouges comme fang, elles proffitent auffi grandement pour les playes.

L'herbe appellée mille fueilles, & la betoine, ont les mefmes proprietez que la fufdicte.

L'herbe appellée gentianella, autrement cruciata, laquelle a les racines percées en croix, fert auffi grandement pour les bleffeures.

L'Afcyrum qui eft vne efpece d'hypericon, faict les mefmes effects que les fufdictes herbes pour ce qui eft des bleffeures.

L'orme a encor des fueilles naturellement percées, lefquelles monftrent la fignature des playes: En fin toutes les plantes lefquelles naturellement ont les fueilles percées, font propres pour les playes.

LES MEDICAMENTS
lesquels seruent à cause de leur signature.

CY deuant nous auons traitté de la signature des plantes, & des maladies, lesquelles par certaine sympathie guerissent les maladies & infirmitez, ausquelles elles sont appropriées, & desquelles elles portent la signature. Il faut donc maintenant noter qu'il se treuue encor quelques medicaments, lesquels peuuent beaucoup apporter de profit & soulagement au corps humain, à cause de la signature, ou similitude qu'ils ont auec lesdites infirmitez. C'est pourquoy le Philosophe n'a pas mauuaise raison de dire que le semblable agit à son semblable.

Or donc venons premierement à l'arsenic, lequel est grandement propre aux vlceres arsenicalles, selon que nous enseigne Paracelse: car l'arsenic a tout son venin ramassé comme en blot.

L'aconit auec vin chaud est fort vtile à ceux lesquels ont esté mordus des viperes, ou autres animaux semblables en venin, comme l'experience l'a fort bien faict voir: aussi tous les doctes medecins m'accordent que les venins sont pour l'ordinaire venins aux choses veneneuses. *Venena venenatis sunt venena.*

Le boletus ceruinus est vn certain potiron,

ron, lequel est fait de la semence genitalle d'vn cerf, lors qu'il est en chaleur, aussi s'en sert on pour l'ordinaire aux actions veneriennes.

Les escarbots appellez en latin cancer, lesquels ont vn gros ventre : mis en decoction auec miel, sont grandement vtiles aux carciuones, lesquels viennent aux parties superieures, & font les mesmes effects pour les mules, lesquelles viennent aux talons, ie n'oublie pas les escreuices bruslez, lesquels ont la mesme proprieté & vertu,& principallement pour la cure des chancres, pour lesquels guerir il faut attacher vn desdits animaux contre la playe, iusques à ce qu'il soit mort, & l'on verra les effects.

La poudre faite du cœur d'vne perdrix, oste & guerit le mal de cœur, appellé cardiarge.

Si l'on veut prendre la peine de distiller les cheueux d'vn homme, on verra sortir vn suc, lequel proffite grandement pour ceux lesquels ont enuie d'auoir les cheueux longs, faisant souuent inonction dudit suc.

Le cerueau d'vn pourceau proffite grandement aux phrenetiques : ceux encor lesquels ont perdu leur memoire peuuent souuent manger des ceruelles de pourceau, pourueu qu'elles soient aromatisées auec myrrhe & canelle, d'autant que cela ayde fort à recouurer la memoire.

Le cœur d'vn de ces petits oyseaux lesquels vont au bord de l'eau remüant tousiours la

queuë

queuë appellé en latin motacilla, estant sec & pendu au col, sert grandement pour ceux lesquels ont le cœur gelé.

L'essence preparée des os du cœur de cerf corrobore merueilleusement bien le cœur humain & resiste aux syncopes & deffaut de cœur prouenans de cardiarge.

Ceste petite particule, laquelle tombe du nombril des enfans, mise dans vn petit reliquaire d'argent, & portée proffite grandement à ceux lesquels ont des douleurs picquantes à la verge, i'en suis certain par l'experience que plusieurs personnes en ont fait.

Le crane d'vn homme sert grandement pour l'epilepsie à vn autre homme, & celuy d'vne femme proffite aussi pour vne autre femme : notte qu'il faut prendre la partie interieure, & non la posterieure, & puis l'appliquer dessus le chef epileptique.

Le suc de ces concombres sauuages, lequel sert au moindre maniment que l'on en fait, estant coagulé sert grandement pour l'expulsion & purgation des humeurs sereuses du corps humain.

En la dysenterie l'on se sert ordinairemét de ceste moüelle blanche qui est aux joinctures des perrieres ou fondrieres, laquelle le vulgaire appelle le foye des pierres.

Pour l'epilepsie on a coustume de se seruir de l'ongle du pied dextre de cest animal, que les latins appellent Alcés, lequel se treuue en la Gaule transalpine, & de l'hirondelle, l'vsage

ge est tel,il faut auoir vn reliquaire dás lequel
on encloſt ladite ongle dextre : Ie dis la dextre, d'autant que lors que ceſt animal ſent
arriuer le paroxyſme il la met dans l'oreille, &
par ce moyen il s'en deſliure ; pour ce qui eſt
de l'hirondelle , on en tire l'eau appellée an-
tiepileptica, laquelle y fait des merucilles.

Pour le mal d'enfant on peut prendre vne
deſpoüille de ſerpent & en faire vne ceinture
à la femme qui eſt à la peine , il faut neantmoins que ladite ceinture touche la chair ,
& l'on verra que cela luy aydera , & donnera
vn grand allegement à la peine qu'elle auroit
autrement.

Le rheubarbe purge la flaue bile à cauſe de
la ſimilitude qu'il a auec elle.

Les potirons aux plaines de Naples proche
la ville de Soma , leſquels ſortent parmy les
cailloux , ſechez & mis en poudre , puis prins
ſoir & matin en eau appropriée font ſortir le
calcul en forme de farine , & par ainſi le di-
minuent peu à peu, la doſe eſt de demy drachme à chaſque fois.

Le gladiolus pilé ſert pour attirer les eſpi-
nes à cauſe de ſa ſignature.

Ces petits globes , que les eſcarbots font
en eſté ſeruent grandement pour attirer les
balles de mouſquet , leſquelles ſont demeu-
rées au corps , pourueu qu'elles ſoient appliquées ſur l'entrée de la balle de plomb.

Les eſcarbots , leſquels ſe vont veautrant
& cachant dans la fiente de cheual , bruſlez
& mis en poudre,ſeruent heureuſement pour

la

la guerifon des hemorrhoïdes.

Si l'on iette vne perfonne dans l'eau fans qu'elle y prenne garde, elle eft à l'inftant guerie de l'hydrophobie, laquelle ne prouient que de peur, & de mefme qu'vn clou pouffe & chaffe l'autre, auffi fait ledit acte : car par le moyen de cefte peur l'autre eft dechaffée.

Le cœur d'vn loup fert auffi grandement pour les infirmitez du cœur humain.

La femence de l'herbe appellée langue de bouc, ou echium, fert fort heureufement contre la morfure des viperes & autres ferpens, & de fait l'on l'efpreuue en ce cas eftre vn vray medicament prophylactique.

Les vers, tant de terre, que ceux du corps humain, feruent d'antidote pour les enfans, ou grandes perfonnes, lefquelles font tourmentées des vers, il faut que ceux defquels on fe veut feruir foient fecs, & puis les mettre en poudre, de laquelle on fait prendre auec du laict de cheure : car fans doute elle tuë & chaffe hors ceux lefquels font dans le ventricule humain.

Si on attache vn ver autour du panaris, le laiffant là l'efpace de vingt-quatre heures, il fait mourir le panaris fans aucune difficulté ny douleur.

Les loups des iambes fe gueriffent pour l'ordinaire auec des onguens faicts de chair & greffe de loup.

La poudre faite de la matiere d'vne poulle puis iettée dans le col de la matrice d'yne
femme

femme deſſeiche ſon flux, & de ſterille la rẽd
fertille, oſtant les obſtacles, leſquels pourroient eſtre là, & par ce moyen elle ayde
grandement à la conception d'icelle.

Pour les fentes & creuaſſes, leſquelles
arriuent ſouuent aux mammelles des femmes, il ſe faut ſeruir de ceſte humeur viſ-
queuſe des mammelles des vaches, & en faire
inonction deſſus le mal.

Les meures du meurier rouge miſes en
poudre auec les fueilles gueriſſent les bou-
tons, leſquels viennent au fondement, ou
bien dans le ſcrotum, ou caillette de la bour-
ſe des genitoires.

L'humeur chryſtallin des yeux d'vn bœuf
diſtillé, guerit de toutes les incommoditez,
leſquelles peuuuent arriuer aux yeux de
l'homme.

La decoction faicte de la peau des pieds
d'oye, auec artemiſe, proffite beaucoup pour
les tignes, leſquelles viennent aux pieds & aux
mains, cauſées par le froid.

La verge genitalle d'vn taureau, & d'vn
cerf mangées, excitent grandement à luxure,
à cauſe de la chaleur extraordinaire de ces
animaux.

Pour arreſter le desbordement menſtrual
des femmes, il faut prendre trois ou quatre
gouttes dudit ſang qu'elle rend, choiſiſſant
toutesfois le plus clair, & le faire boire à ladite patiente, ſans qu'elle en ſçache rien, &
ſans doute cela ſeul l'arreſtera.

Le poulmon d'vn renard ſert grandement
aux

aux affections des poulmons, eſtant mis en
poudre & puis mangé.

Toute ſorte d'animaux, leſquels ont la
vertu renouatrice renouuellent auſſi noſtre
corps,& nous maintiennent en ieuneſſe con-
tinuant d'en manger.

Pour arreſter l'hemorrhagie,ou trop gráde
perte de ſang des playes,il faut prendre dudit
ſang & le faire vn peu chauffer, puis l'appliquer deſſus la playe & l'on en verra vn admirable effect.

L'herbe appellée ſagitralle croiſſant ſur les
bords des puits,ſert grandement pour l'attra-
ction des fers des ſagettes, leſquelles ſont de-
meurées dans le corps.

La racine de l'herbe appellée par les Eſpagnols ſcorzonera, porte la ſignature d'vn ſerpent, auſſi ſert-elle auec vn grand contentement pour la morſure d'iceux, comme nous
auons deſia dict au traicté de la ſignature des
plantes.

Pour la ſquinancie & apoſtemes venants
à la bouche ou au gouſier, il faut prendre vn
ſerpent auec vn filet de lin, & le ſuffoquer,
puis ſe ſeruir dudit filet.

Le meſme filet a des grands effects
contre la ſinonie , eſtant donné auec du
pain.

Pour l'arriere-faix des femmes,il faut auoir
de l'arriere-faix d'vne autre femme, & le ro-
ſtir dans vn pot de terre apres qu'il a bien
eſté laué, puis en faire prendre demy drachme dás du ius de poulle, & ſans aucune dou-

ce l'arriere-faix (ou secondine) sortira tout à l'instant.

La peau de l'estomach d'vn loup portée contre l'estomach, est grandement proffitable pour ceux lesquels ne peuuent digerer: le mesme pouuoir est attribué aux peaux de vautour, & de cigne, accommodées par les peletiers.

La puanteur de l'esprit du tartre sert pour expulser les putides humeurs du corps humain, & principalement en temps de peste.

La racine nodeuse de l'herbe appellée tormentille, bien pilée, & puis appliquée sur les nœuds de la chair, les fait perdre en peu de temps.

Pour appaiser les douleurs de ventre, il faut porter vne ceinture du boyau d'vn loup, ou à deffaut du boyau porter sur soy de la fiente dudit animal.

Pour les tumeurs ou loupes, lesquelles croissent au corps humain il se faut seruir de la gomme des cerisiers, l'ayant dissoute auec bon vinaigre, puis l'appliquer dessus lesdites loupes.

Pour chasser & faire perdre les taches lesquelles viennent pour l'ordinaire aux petits enfans, il faut faire decoction de la semence des lentilles, & en vser.

Pour empescher & faire euacuer les roulemens de teste appellez vertigo, selon l'art, il se faut frotter le front de la graisse de daim, ou de serpent, & continuer quelque temps: à cela sert aussi grandement l'essence tierce

des

des cigoignes, lesquelles ont accoustumé de voltiger long-temps en rond sans se troubler aucunement.

Pour la conseruation des esprits vitaux en leur chaleur naturelle, il faut vser du boyau argentin, qui est dans le corps des harans, lequel nous auons desia appellé ame des harans, & l'on en verra des effects fort beaux.

Pour les maladies de la vessie, il faut vser des vessies de bœuf.

La vessie d'vn pourceau laquelle n'a encore touché la terre, mise contre la verge prouoque l'vrine.

La vessie d'vn mouton ou cheure bruslée, & beuë apres retient l'vrine à ceux lesquels ne la peuuent retenir.

La vessie du poisson que les latins appellét Carpio, sechée & mise en poudre, sert grandement pour les femmes blessées à l'enfantement, lors qu'elles ne peuuent retenir leur vrine.

Les raisins de renard, autrement aconitum salutiferum, portent la signature des vessies noires, lesquelles viennent aux pieds, aussi auec ladite herbe Phædro asseure qu'il a aussi bien gueris les vlceres desesperez, que Paracelse auec le persicaire.

La membrane du ventricule d'vne poule sert pour donner soulagement au ventricule humain, lors qu'il est detraqué.

La ciuette chasse l'excrement qui cause la colique.

DES MALADIES
veneneuses, lesquelles sont souuent gueries par leur propre antidote.

PREMIEREMENT l'aconit, duquel nous auons desia parlé, sert pour la guerison des morsures viperines, ou autres serpents veneneux; il sert aussi pour les piqueures des scorpions.

L'araigne cassée, & appliquée dessus la morsure qu'elle a faict, la guerit incontinent.

Le miel guerit les picqueures des abbeilles.

La crapaudine trouuée dans la teste d'vn crapaut guerit ses maladies.

La poudre de crapaut mise sur les morsures veneneuses, en attire le venin & les guerit.

Ceux lesquels ont esté compißez d'vn crapaut, se doiuent seruir de la poudre de crapaut pour r'adoucir la partie.

Pour la morsure d'vn chien enragé, il se faut premierement seruir du poil dudit chien, le mettant & appliquant dessus la morsure, puis en brusler, & le faire boire au patient auec du vin, apres cela il faut auoir le cœur dudit animal, & le brusler de mesme que le

poil,

poil, puis le faire manger audit patient, &
cela le desliurera, qu'il ne soit tenté par la
crainte de l'eau:on se peut encore seruir pour
preseruatif de la dent dudict chien couuerto,
d'vne petite peau, & attachée au bras dudict
patient, qui a esté mordu.

La graisse de crocodille, guerit les morsures du crocodille.

La morsure des souris, se guerit par la poudre du souris mesme, ayant esté bruslée.

Le pissat d'vn souris mange la chair, à raison de son venin, c'est pourquoy, il faut mettre des cendres d'vn souris bruslé sur la partie, auant qu'elle soit entamée.

L'os du cœur d'vn cerf, guerit le venin qui
est à la queuë du cerf.

Le sain de serpent est encore tres - propre
pour les morsures des serpens:l'on se peut encor seruir de la teste du serpent cassée & mise
dessus le mal : outre ce le fiel du serpent appliqué dessus y est tres-bon.

Les escorpions portent leur guerison aussi
bien que les autres animaux, & de fait en
Prouéce l'on a coustume de casser l'escorpion
entre deux pierres & l'appliquer dessus la pi-
queure, & par ce moyen le mal s'en va d'où
il est venu.

L'huille des escorpions sert aussi grandement contre les picqueures dudit animal.

Et par ainsi les venins meslez ou redoublez
par vne certaine faculté contraire seruent de
remede l'vn à l'autre, il s'est mesmes trouué
des medecins, lesquels se sont seruis des cra-

F ff 2

pauts

pants peftiferez contre la pefte, l'ayant au
preallable feiché & mis en poudre,& puis exhibé ne plus ne moins que l'huille de fcor-
pion pour les morfures ou picqueures dudict
animal, fi bien que par ces experiences l'on
peut eftre affeuré qu'vn venin fert de remede
contre vn autre venin.

Pour ce qui eft des membres du corps lefquels font engourdis du froid,il fe faut feruir
d'eau de neige & lauer d'icelle la partie en-
gourdie : car fi l'eau frefche a le pouuoir de
remettre vn œuf gelé, il n'y a point de repugnance que par vne mefme proprieté, elle ne
puiffe attirer le froid qui eft enclos dans les
membres, & incontinent les remettre en leur
premiere vigueur, veu que le froid attire le
froid.

Par mefme ou femblable moyen les membres chauds outre mefure, font remis en leur
temperature ordinaire, par l'impofition de
l'efprit du vin bien rectifié, lequel n'eft que
feu ou effence de foulphre, & par ainfi par
vne force magnetique la chaleur eft attirée
par vne autre chaleur.

Nous auons cy-deuant dit combien la chi-
romancie eftoit neceffaire aux medecins : car
par la cognoiffance des lignes chiromanti-
ques on peut fçauoir & cognoiftre les remedes neceffaires aux malades.

Ceux lefquels ont la ligne architectique à
la main font grandement fujets à la colique,
& pour l'ordinaire meurent d'icelle, à raifon
dequoy la ligne architectique, laquelle fe

treuue

ſreuue aux herbes, eſt extremement bonne
pour la colique.

De meſme la ligne anchora ou ancre, eſt
la ligne de l'apoplexie, auſſi l'achorus herbe
doüé de ceſte ligne, eſt le vray remede pour
l'apoplexie.

LA CORRESPONDANCE
*des ſignatures du grand au petit
monde, c'eſt à dire du corps
humain, & du monde.*

Au monde

Microcoſmique.	*Macrocoſmique.*
La Phyſiognomie ou face.	La face du Ciel.
La Chiromancie ou main.	Les mineraux.
Le poulx.	Le mouuement celeſte.
Le ſouffle.	Les vents de midy & d'Orient.
L'horreur du febricitant.	Les tremblemens de terre.
La lienterie, Dyſenterie & diarrhée.	Les pluyes.
Les torſions de colique,	Les tonnerres & vents forts.

Autant de ſorte de vents qu'il y a au monde; autant se treuue d'especes de coliques en l'homme.

La generatiõ de l'apoplexie est de mesme que celle de la foudre, & l'operation de l'vn & de l'au-tre, est admi-rable, les ton-nerres mon-strent la cau-se, matiere & origine du mal caduc.

Les esclairs en esté.	La difficulté d'vriner aux douleurs ne-phritiques.
L'ecclipse ou la fou-dre.	L'Apoplexie.
La seicheresse de la terre.	La seicheresse du corps humain.
Les inondations.	L'hydropisie.
La tempeste.	L'epilepsie.

Car telle qu'est la generation, ou cause ge-neratrice de la tempeste, & du tonnerre au grand monde; telle est aussi de l'epilepsie au Microcosme ou petit monde, & tout ainsi que la tempeste trouble les sens animaux, côme appert par le chant extraordinaire des poulets, ou autres oyseaux, ou par la forte picqueure des mousches, de mesme aussi se treuue aux epileptiques, lesquels ont tous les sens troublez.

PARALLELE.

Au Macrocosme ou grand monde.	*Au Microcosme ou petit monde.*
A l'arriuée de la tem-peste se fait vn changement d'air & de temps.	A l'arriuée de l'apo-plexie se fait vn changement de rai-son.
Les nuées se suiuent l'vne l'autre sans cesse.	Les yeux se rendent tous nebuleux & troublez.

Le

Le vent suruient le-
quel demonstre
ceste enfleure.
Le tonnerre esclatte
& fait son coup.

Les esclairs semblent
fulminer.

La pluye s'enfuit.

La foudre pressée par-
my les elements
en fin esclatte &
fait son effect.
Le temps se rend à la
fin serain.
Apres que les che-
mins ont esté lõg-
temps bourbeux &
difficiles, ils se sei-
chent à la venuë
du soleil & se re-
mettent à leur
premier estat.

Le ventre & la verge
naturelle s'enflent.

La vessie se rompt &
creue, & le corps
semble estre tout
brisé.

Les yeux se rendent
ardents & bril-
lants comme feu.

L'escume se void à la
bouche.

Les esprits enclos &
serrez dessouz la
peau, la font es-
clatter.
La raison reuient au
malade.

Apres que l'apoplexie
a fait ses efforts,
l'homme retourne
à soy par le moyen
de la raison, la-
quelle semble e-
stre son vray so-
leil, chasque mem-
bre exerce ses fon-
ctions, & est re-
mis à son premier
estat.

Tout ainsi comme les os sont enclos &
entourez de la chair, lesquels sont assem-
blez methodiquement, ne plus ne moins que

Autant qu'il
y a d'especes
de bois au
monde, autãt
y a-il d'espe-

F ff 4   l'or

ces d'os au corps humain.

La forme de tou'les membres humains se treuue aux vegetables, aux pierres, aux animaux, & aux mineraux.

L'homme se cognoist par la nature des animaux, desquels la premiere essence tire sa denomination d'où les Chaldéens ont tiré ces parolles, lors qu'ils disent que l'homme est vn animal de diuerse nature accompagnée d'inconstance.

l'or auquel ils ont correspondance.

De mesme façon aussi les mineraux sont methodiquement enclos dans la terre.

Au Microcosme est la masse de la chair.	Au macrocosme la masse de la terre.
Les grandes veines sont signifiées par	Les grands fleuues.
La vessie receptacle des humiditez du corps.	La mer receptacle de toutes les eaux de la terre.
Les sept membres principaux en l'homme.	Les sept metaux dans les montagnes, ou sept planettes celestes.

Et tout ainsi comme les fleurs terrestres nous demonstrent la couleur des estoilles, lors que les prez sont en fleur, de mesme aussi les estoilles nous demonstrent vn pré celeste, quant aux fleurs lesquelles elles nous representent.

En fin il n'y a aucune chose au monde, la proprieté de laquelle ne se treuue en l'homme, qui est le Microcosme, d'autant que Dieu Tout-puissant n'a pas voulu creer aucune creature plus noble, ny plus sage, que l'homme, parce qu'en iceluy se treuuent toutes les humeurs & premiers estres de tous les autres animaux, & par ainsi estant le blot de toutes les autres creatures, il se façonne soy-mesme, & transforme en toutes les façons, ainsi qu'vn Prothée, & comme dit tres bien le docte Picus Mirandulanus, que le Pere

celeste

celeste a mis toute sorte de semences en l'hõ-
me naissant, lesquelles cultiuées par chascun
en son particulier,& selon sa volonté,rendent
leur fruict au temps deu, sibien qu'estant seulement vegetable, sera renduë semblable à
vne plante,si sensitif,à vn animal brute, si rai-
sonnable, se pourra rendre animal celeste, si
intellectuelle,sera vnAnge ou le Fils de Dieu
mesme,que si elle n'est contente de la fortune
d'aucune des creatures, elle demeurera dans
le centre de son vnité, semblable à l'esprit de
Dieu, parmy la splendeur du pere celeste, lequel s'est constitué sur toutes choses. Et de
faict le mesme Mirandulanus asseure,que non
seulement les brutes, ains encor les astres, &
esprits celestes portent enuie à la condition
de l'homme, quant aux hommes lunatiques
(comme l'on dict communement)negligeans
le patrimoine celeste,se paissent seulement du
fruict de leur propre superbe. Ceux-là,dis-ie,
se rendent seruiteurs & esclaues des astres,
parce qu'ils permettent toutes choses à leurs
sensualitez (desquelles les sages tiennent
la bride en main) pourront librement dire
qu'ils observent les mœurs de leurs parents,
quant aux deffauts, comme nous dirons tost,
car il n'y a aucun homme tant iuste soit-il &
bon, auquel les semences malignes des astres
ne soient imprimées:toutesfois par leurs bonnes prieres & courage, supprimées, de peur
que venant à croistre elles ne se rendent trop
manifestes. A la verité elles esclattent facilement aux mauuais, destitués de la grace de
Dieu,

L'homme sa-
ge domine les
astres. Osee 2.
sect. 8. Iob.5.
sect.23.d'où a
esté tiré le pro
uerbe,ou nous
sommes , ou
auons esté,ou
pouuõs estre.
en L'Ecclesia-
ste 7.sect.12.

Samuel 1.cha.
23.se&.6. & 7.
L'hôme a vn
pere Eternel,
auquel il doit
viure, & non
pas selon l'e-
prit animal,
Dieu iuy a
dôné vn corps
animal, non à
fin qu'il viue
en iceluy, mais
seulement af
fin qu'il y ha-
bite pour quel
que temps.

Dieu, à raison dequoy Dauid s'escrioit & fa-
schoit de la malice des hommes, rendant par
apres graces à son Seigneur ; de ce qu'il luy
auoit donné le pouuoir de suffoquer en soy
ceste semence maligne au commencement de
son germe ; les Astronomes n'ont aucune
cognoissance de Iesus-Christ, ny des Apostres:
car les astres n'ont aucune domination sur
ceux lesquels croyent fermement apres estre
regenerés, d'autant qu'ils sont maistres & sei-
gneurs du firmament & des sept esprits d'iceluy, lesquels ne sont autre chose que les astres,
du nom desquels le Sauueur Iesus-Christ se
seruit apres qu'ils les eut regenerez, les appellant lumiere du monde, sel de la terre. Ie ne
me soucie pas que Paracelse die, que tout incontinent l'homme est abbruti, d'autant que
cela est vray, lors qu'il vit selon ses appetits
brutaux, ce qu'estant il merite de porter le
nom de brute : mais au contraire ceux lesquels viuent humainement, ayans la raison
pour guide en toutes leurs actions, doiuent
estre appellés hommes, nom admirable : lequel neantmoins Iesus-Christ desnia à Hero-
de, l'appellant Renard, selon le fidelle rapport de sainct Luc, au chapitre 13. section
32.

D'où

D'où les hommes ont prins leurs signatures.

PRemierement les hommes hardis & cou- L'amour ay-
me fon fem-
blable.
rageux tiennent leur fignature du Lyon
& de l'Aigle.

Les fidelles amis des dauphins, la fidelité
defquels enuers les hommes eft affez cogneuë
& defcripte parmy les hiftoires tant ancien-
nes que modernes.

Le figne d'vne amitié conftante eft cogneu
au porceau, lequel groignant pour quelque
bleffeure, ou autrement, il excite tous les autres à faire le mefme ; chofe laquelle n'arriue
pas parmy les chiens, veu que tout incontinent les autres fe bandent contre celuy lequel a efté bleffé, côme eftant le plus foible.

Les vrays & conftans amis font encor re-
prefentés par la lierre, laquelle (apres fa mort)
ne laiffe de ferrer & embraffer l'arbre auec
lequel elle a efté nourrie & efleuée.

Les amis frauduleux & hypocrites nous
font fort bien fignifiez par les crocodilles,
lefquels fous feinte de pleurer, deçoiuent
ceux lefquels pitoyables s'acheminent à leur
fecours.

Les amis de Cour inconftans & legers lefquels ne font amis que pendant la faueur de
la fortune, font reprefentez par les oyfeaux
paffagers, lefquels nous quittent fi toft que
l'hyuer commence à fe faire fentir.

Les

Les peripateriques ou fongeards, font fort
bien exprimez par la corneille, laquelle ne fe
plaift que parmy la folitude, & de faict nous
les voyons pour l'ordinaire pourmener feules
fur le bord de quelque riuiere.

Les flateurs par les chats & chiens,lefquels
ne fçauent careffer que de la queuë.

Les adulteres, par le poiffon que Pline appelle Sargo,lequel fortant de la mer tue fa femelle,efpris du falle amour des cheures, voicy ce qu'en dict Oppian;

    " *Le fargos defdaignant les troupes maritimes*
    " *Court d'vn humide pied les cheures aux col-*
      lines.

Les chaftes font depeints par le Monoceros, à raifon dequoy la fage antiquité
l'a depeint baiffant la tefte en la prefence de
la Vierge MARIE.

Les impies & cruels font monftrés par la
lyonne.

Les defefperés lefquels fe portent dommage à eux-mefmes,font demoftrés par les tour-
dres, la fiente defquels fert de glus pour les
prendre.

Les pieux & deuots par les pouffins des
corbeaux,& encor par les allouëttes, lefquelles apres leur repas, femblent chanter & rendre action de graces au ciel par la frequence
de leur tire-lire. Les elephans auffi nous en-
feignent la deuotion en leur falutation folai-
re:toutesfois en iceux fe treuue vn effect contraire à la deuotion:car ils nous reprefentent
encor les defefperés fe tuans d'eux-mefmes
                      fitoft

Iob. chap. 39.
fect.19. voy Pa-
racelfe en fon
Aroth.

Pfal. 147. fect.
9. Iob. chap.
39.fect.3.

sitost qu'ils sentent que le dragon commence
d'assouuir sa gloutonne soif de leur sang.

Les disciples dociles, & de bon esprit nous
sont representez par les singes, perroquets, &
elephans encore, tesmoing celuy d'Auguste;
qui se leuoit la nuict (pendant que ses compagnons estoient assoupis du sommeil) pour
exercer sa leçon que son maistre luy auoit
donné le iour mesme.

Les disciples indociles par les asnes & les
moutons.

. Les vagabonds & dissolus par les sangliers.

Les niais & de paste molle (comme l'on
dict) par les brebis.

Les superbes & meschans par les tigres.

Les femmes fertiles, par les lapins lesquels
portent tous les mois de l'an.

Les larrós par les corbeaux & estourneaux.

Les pleurards à triste mine, par les colombes & tourterelles.

Les furieux & horribles par les austruches.

Les salles & immondes par le pourceau.

Les importuns & impudents, par les mousches lesquelles on ne peut aucunement des-
chasser de soy.

Les detracteurs, par les chiens, lesquels ne
font autre chose, que clabauder apres les
hommes.

Les rebelles & desobeyssans, par le roitelet.

Les ingrats, par le cocu.

Les incorrigibles & glorieux, par le taureau.

Les ennemis mesdisans, par les serpens,
d'autant

d'autant que cet animal n'a autre deffence
que de la gorge.

Les cyniques, lesquels ne treuuent rien à
leur goust, se faschant de tous, amateurs de la
solitude, par l'anguille, laquelle ne communi-
que auec aucun autre poisson que ce soit, ains
demeure tousiours retirée & seule. Le mesme
faict le hibou parmy les autres oyseaux.

Les choleriques & esmeus au moindre vét,
par les cocqs d'Inde, lesquels ne se sçauent
bouffir que de cholere.

Les larron, par les ours.

Les pleutards encore, par la vigne coupée.

Les paillards & luxurieux, par les moi-
neaux.

Les liberaux, par les poulets, lesquels la nature a principalement produits pour exciter
& resueiller les hommes.

Les babillards, par les perroquets, estourneaux, pies, chucas, & geays, lesquels imitent
de bien prés la parollé des hommes, d'où est
venu ce distique,

> *La pie cacquetteuse n'est iamais en repos,*
> *Ains des hommes toufiours via, disant les*
> *propos.*

Les luxurieux & fots en amour, par les lapins,
& par le poisson appellé, par quelques-vns
denté, & par d'autres sargo.

> *Qui parmy les poissons plus doux*
> *Espris d'vne amoureuse rage,*
> *Se paist des herbes au riuage,*
> *Et donne la frayeur à tous.*

Ceux lesquels fuyent la lumiere, par les chats-
huants

huants, & chatue-souris ; oyseaux nocturnes
ennemis de la lumiere.

Les grands Potentats lesquels ne veulent
compatir personne pour compagnon, par le
taureau.

L'amour mutuel d'vn loyal mariage, par les
palombes, ou tourterelles, les plus chastes de
tous les oyseaux, & de faict c'est vne merueille de la nature de voir que ces petits animaux
soient tellement conioincts d'amitié, que le
masle n'oseroit iamais souiller le lict de sa
chere compagne, moins encore la femelle de
son mary ; que si par hazard les femelles sur-
prennent le masle en adultere, se laissant porter aux impudiques amours d'vne lasciue femelle, elles les quittent à l'instant ; & roulent
vagabondes d'vn costé & d'autre, demeurans
neantmoins à leur pure integrité : ie m'en rap-
porte à Ælianus, lequel asseure encore que les
colombes n'en font pas moins, veu qu'elles ne
permettent iamais que le masle s'amourache
d'vne autre femelle ; & ne se separent qu'à la
mort tant seulemét, laquelle les contrainct de
demeurer le reste de leurs iours en celibat ;
belle doctrine pour ceux lesquels n'ont aucun
soing de leur partie. Outre ce estant aux peines de faire ses œufs, ce pauure animal y assi-
ste, & s'ayde de tout son pouuoir & industrie,
pour donner courage au desliurement à sa femelle. Que si par hazard le masle cognoist
quelque nonchalence à sa femelle, estant en
ces extremitez, il la bat de l'aisle, la sollicitant
d'entrer, affin que son fruict ne se gaste par ce

moyen

moyen ; non content, voyant qu'elle a faict ſes œufs, il la contrainct à les couuer de peur de la corruption, eſtant luy-meſme ſoigneux de les couuer à ſon tour ; comme s'il vouloit dire, qu'il eſt bien raiſonnable qu'il y demeure pour donner le loiſir à la femelle d'aller vn peu prendre d'air auec ſon paſturage. Quelques-vns ont remarqué que le maſle couue les œufs de iour, & la femelle de nuict, iuſques à ce que la famine le contrainct de ſortir. Qui ſera celuy ſi deſnaturé, lequel ne loüera cet amour ſi loyal, voire la femelle ne permettra iamais que ſon pareil habite auec elle qu'au préalable il ne l'aye baisée.

Les pacifiques, & benings par les agneaux.

Les malicieux par les hibous.

Les craintifs par le lieure.

Les melancholiques, & ſalles, par la huppe, laquelle cherche les lieux plus ſolitaires des foreſts pour loger la puanteur de ſon nid.

Les propres & glorieux par le chat, lequel n'oſeroit ſortir en temps pluuieux, de peur de ſe crotter la patte, outre qu'il prend peine à ſe farder tous les iours.

Les muets par les poiſſons, à raiſon dequoy les Pythagoriciens s'abſtenoient du poiſſon, ſelon le rapport d'Athenée, ἐχεμυθίας ἕνεκα.

Les muſiciens par le roſſignol & le chardonneret, leſquels par le doux maniement de leur voix, ſemblent charmer les oreilles des eſcoutans, eſtans ceux d'entre les autres, leſquels ont le gazouik plus agreable ; meſmes

le

le roſſignol ſe treuue ſeul, qui ſoit exempt du
ſommeil : car durant qu'il couue ſes œufs, il
paſſe les nuicts toutes entieres à chanter &
fredonner.

Les femmes enragées ou endiablées (comme l'on dit) leſquelles n'ont autre contentement qu'à clabauder & caquetter,par les oyes
& cannes, leſquelles ne ceſſent iamais de clabauder parmy leurs aſſemblées, les cigalles
les demonſtrent encor, leſquelles ſont à la fin
contrainctes de creuer par la trop grande
continuité de criailler.

Les perſonnes de mauuais courage par les
rats.

Les oiſifs & pareſſeux par la cigalle encore.

Les opiniaſtres perſeuerans en leur laſciue-
té par les veaux.

Les mocqueurs,bouffons,& flatteurs,par le
ſinge.

Les parricides par l'hippopotame , lequel
apres auoir tué ſon pere & ſa mere , ſe glori-
fie de ſon orgueil & ingratitude.

Les effrontés,petulâts & ſailes,par le bouc.

Ceux qui ayment leur geniture,par le cygne,
& l'hirondelle, laquelle garde vne telle reigle
pour la nourriture & eſleuation de ſes petits,
qu'elle ne donneroit iamais à manger aux
plus petits ou penultiémes , qu'au prealable
elle n'euſt donné au premier,& aiſné, & puis
conſecutiuement par ordre aux autres, ayant
touſiours neantmoins eſgard aux plus vieux.

Les deuots enuers leurs parents par la ci-

G g g

gogne

gogne, & la huppe, oyseaux tres-bons & reco-
gnoissans : car ceux là seuls rendent graces à
leurs vieux parents du bien qu'ils ont reçeu
d'eux, & taschent de leur en rendre la pa-
reille.

Les iudicieux & prudents par le serpent.

Les larrons & volleurs par le brochet poisson, & par l'espreuier, dont à propos Ouide,

" *Nous n'aymons pas l'oyseau qui se plaist aux*
   alarmes,
" *Ennemy immortel des combats & des armes.*
Ceux lesquels ne font autre chose que regim-
ber, tant par parolles qu'autrement (appellés
proprement Echo) par la mule.

Les riards, par l'oyseau que les Latins appellent Mæro, lequel imite de si prés le ris des
hommes, qu'il est fort difficile de le pouuoir
discerner. Il en fust faict vn present de deux
à Rodolphe II. Empereur, lesquels furent ap-
portés de Turquie, dont l'vn se sauua par l'in-
aduertance de ceux lesquels les auoient en
charge, & l'autre demeura dans la volliere du
iardin de sa Majesté, dans la ville de Prague.

Les sages & preuoyans par la formy, & par
l'abeille, lesquelles ont tousiours soing d'a-
masser pour l'hyuer: merueille toutesfois que
la formy recognoisse la reuolution des astres;
car cet animal se repose au croissant de la lune, & trauaille toute la nuict au plein.

Les doctes & humbles auec leur doctrine,
par les espis de fromét bien chargés de grain:
car alors semblent s'humilier par l'inclination
qu'ils font de leur teste.

Les

Les ignares & rogues par les mesmes espis,
mais vuides de grain : car ils leuent leur cre-
ste par dessus les autres, comme s'ils estoient
quelque chose de grand, outre ce ils sont encor representés par l'escume du pot, laquelle
veut tousiours nager dessus la chair, sans cognoistre qu'elle ne vaut rien. Le vase vuide
ne les demonstre pas mal:car tant qu'il est de
la façon, il rend plus grand son que celuy qui
est plein.

Les simples sans malice par la colombe.

Les cauteleux & rusez par la pastenade marine, laquelle ne tasche que de perdre ceux
qui nagent autour d'elle.

Les dormars par l'herisson, & le loir, animaux lesquels durant l'hyuer dorment en telle façon, qu'à peine le feu les peut resueiller,
mesmes estant desmembré ne se peut esueil-
ler, si ce n'est qu'on le mette dans vn pot
boüillant:car à l'instant les membres descou-
pez monstrent par leur mouuement que l'a-
nimal n'estoit pas encore mort. Quant à moy
i'estime que ces animaux ont donné leur signature aux Rusciens(affin que ie laisse à part
les cigognes & hyrondelles submergées en
hyuer,lesquelles selô le rapport des pescheurs
reprennent vie au printemps) lesquels durant
la rigueur de l'hyuer, semblent estre morts
parmy les forets, & puis ressuscitent en la venuë du printemps. Les animaux lesquels de-
meurent tout l'hiuer dans leurs cauernes sans
manger,viuans de leur propre substançe,nous
demonstrêt encor fort à propos ces dormards

On doit ad-
iouster foy
aux histories.

 & pa

& pareſſeux,le meſme font les arbres,leſquels
ſont verdoyans tout l'hyuer,s'entretenans de
leur-ſuc.

Les ſots, pareſſeux & patiens neantmoins,
par les aſnes.

Les ſuperbes incommodez , & contraincts
de venir à la fin aux ſupplications , par les
chiens.

Ceux leſquels ſont naturellement ſuperbes,par les cheures,cheuaux,& paons.

Les triſtes & melancholiques par les hibous,& chats-huants , leſquels n'agreent rien
tant parmy les ombres de la nuict,que la ſoli-
tude.

Les triomphans de leurs ennemis , par les
poulets, leſquels vaincus ne diſent mot ; ains
au contraire vainqueurs ils leuent la creſte,&
battent l'aiſle accompagnée du coquericoq,
marchent d'vne grauité nompareille, laquelle
teſmoigne le contentement qu'ils ont de leur
victoire.

Les gens inconſtants & à tous viſages(comme l'on dict communement)par le cameleon,
lequel prend la couleur de tout ce qui luy eſt
oppoſite.

Les frauduleux, diſſimulés, & hypocrites,
par le Renard, par le poiſſon appellé poulpe,
en Latin polypus,& par la ſeiche, laquelle ne
manque point d'aſtuce & fineſſe pour trom-
per les autres poiſſons,leſquels gourmands de
la chair taſchent à la ſurprendre. Elle trompe
encor les peſcheurs : car à l'inſtant qu'elle ſe
prend garde à ſes ennemis,elle vomit ſon an-

chre

chre , par lequel elle noircit toute l'eau des
enuirons , affin que par ce moyen elle puiſſe
eſchapper & euiter l'enuie deſdits ennemis.

Les legers , diſpos , & agiles , par le che-
ureul.

Les affamés & rauiſſeurs inſatiables, par le
loup , lequel ne ſe contente pas de manger la
chair de ſa proye , ains encor deuore la laine,
le poil,& les oſſements.

Ceux leſquels ſe vengent ſur eux-meſmes
des crimes qu'ils ont commis,par le chameau,
lequel ayant recogneu qu'il a eu accointance
auec ſa mere,ſoy-meſme deſdaigneux & ſcan-
daliſé de ſon forfaiét, s'arrache les genitoires
auec les dents , monſtrant par cet acte l'hor-
reur qu'il a commis , & vne ſi lourde fauté
que celle-là.

Les ialoux & effeminés par le poulet , lequel couue les œufs apres que la poule eſt
morte,& les eſcloſt (ſans toutesfois en mener
aucun bruiét,parce que la honte d'auoir exer-
cé vn office feminin le retient) le meſme animal eſt en vne perpetuelle guerre pour def-
fendre l'honneur de ſa compagne.

Pluſieurs mechaniques ont auſſi apprins
leur eſtat des animaux , comme de baſtir &
faire des maiſons par les coquilles, limaçons,
hirondelles,& abeilles.

Les brodeurs & tapiſſiers ont prins le fondement de leurs eſtats, de la varieté des couleurs,deſquelles les prairies ſont enrichies au
renouueau.

Les anciens Romains apprindrent de tranſ-

porter les colonies par les essins des mouf-
ches à miel, ou auettes, & des gruës, lesquelles
pour leur plus grande commodité s'en vont
aux lieux plus loingtains , comme en la Scy-
thie, & Egypte le long du Nil, affin d'y passer
l'hyuer auec moins de difficulté.

L'inuention de faire le guet le long de la
nuict a esté enseigné par les Daims, & Gruës,
la sentinelle desquelles ne permet qu'aucune
chose que ce soit approche, sans qu'elle en
donne aduis aux autres ; & de faict celle qui
est en sentinelle tient vne pierre au pied, affin
que par ce moyen le sommeil ne la puisse sur-
prendre. Outre ce elles choisissent vn Capitaine lequel crie pendant que la troupe dort
la nuict ; quant au iour deslors que disposées
en rang, elles volent par l'air , elles crient tour
à tour , contenans par ce moyen la troupe en
deuoir : toutesfois le capitaine a la charge de
les faire descendre en terre au temps deu pour
prendre leur refection : car alors il crie plus
haut que toutes les autres , que si par fortune
il ne peut crier à cause d'vn trop grãd enroüe-
ment, il luy est permis d'en commettre vne à
sa place, laquelle supplee à ce deffaut. Quelqu'vn me pourroit demander à quelle occasion elles se disposent en triangle, vagant par
l'air, à quoy ie respons facilemét, d'autant que
par ce moyen elles fendent plus librement
l'air, outre qu'elles n'endurent pas tant de trauail, parce que l'air estant fendu par la premiere, les autres s'en ressentent peu à peu, sou-
lageant leurs dernieres, lesquelles sont iuste-
ment

ment difposées au bord des aifles des premieres,que fi par hazard le vent les trouble, eiles
fe difpofent incontinent en coing , gardans le
croiffant pour le temps ferain. Mais comme,
il n'y a rien au monde qui n'aye fon contraire,& aduerfaire particulier , ces oyfeaux auffi
n'en font pas exempts: car fitoft qu'ils apper-
çoiuent que l'aigle a enuie de fondre fur eux,
ils fe difpofent en rond,& en faucille,ce qu'e-
ftant apperceu par l'aigle s'en retourne n'em-
portant auec foy que la honte d'auoir efté at-
tenduë auec vne fi belle affeurance.Les Gruës
ont encore vne fort belle aftuce pour s'aydet
en volant:car celle qui eft la derniere, appuye
fon col fur le dos de fa deuanciere, & celle-cy
fur l'autre, confecutiuemént iufques à la premiere,ce qu'eft caufe que fouuent elles chan-
gent de place : car fitoft que la premiere eft
laffee,elle fe met derniere , & celle qui la fui-
uoit immediatement prend fa place , ne plus
ne moins que les cerfs lors qu'ils veulent tra-
uerfer quelque grand fleuue : car le premier
eftant laffé prend la place du dernier , & font
ainfi confecutiuement tour à tour iufques à
ce quê le fleuue foit tout à faict trauersé.

Les armeuriers ont apprins leur eftat des
coquilles,crocodilles,& tourtues.

Les medecins & Apothicaires, ont apprins
la façon des pillules des efcarbots , lefquels
marchent auec autant de pieds que l'on tient
de iours du moys. Ces animaux monftrent
accouplement de la lune & du foleil par leur
boule:car durant l'efpace de vingt-huict iours

ils la roulent, tournans toufiours du cofté du leuant au couchant, lequel vingt-huictiéfine iour arriué ils la couurent tant foit peu de terre, iufques à ce que la lune commence à paroiftre, & c'eft alors qu'ils engendrent là dedans leurs femblables.

Le ieu de la paume a efté inuenté par les chats.

Le combat d'homme à homme, feul à feul, a efté enfeigné des poulets, lefquels font grandement opiniaftres & acharnés en leur combat; c'eft auffi à eux que la nature a donné vne crefte laquelle leur fert comme d'vn heaume,& des ergots pour efperon, heriffans les plumes autour du col fitoft qu'ils commencent leur meflée; celuy qui demeure vainqueur,& maiftre du combat, fronçant le fourcil,leue la tefte auec vne fuperbe & arrogance nompareille;& dreffant fa queuë,chante à l'inftant en figne de victoire, & de telle façon qu'on a peine de le faire taire : l'autre au contraire lequel a efté vaincu(comme i'ay defià cy deuant dict) fe cache la tefte baiffée, fans fonner mot aucunement.

La nage a efté enfeignée par les oyes, canards,& autres animaux lefquels fe nourriffent fur les eaux.

Les nautonniers ont apprins leur art des efcurieux, la queuë defquels fert comme de gouuernail & voile.

Le filer a efté tiré de l'induftrie des vers à foye.

La forme & vfage des chariots,a efté prins
des

des marmotes lefquelles font vn chariot, fe
couchans à la renuerfe, les autres la chargent
fur le ventre, la tirant par la queuë pour porter la prouifion de l'hyuer dans leur cahuette,
raifó dequoy elles ont le dos tout pelé enAu-
tóne.Le mefme fait le caftor,viuant partie dedãs & partie dehors l'eau fur la terre,cet animal fait pour l'ordinaire fa cafe fur le bord des
riuieres, l'entrée de laquelle eft difpofée
en degrez,affin qu'il puiffe monter & defcen-
dre à fon aife, il fait le chois d'vn arbre pour
la conftruction de fa maifon, lequel il n'a-
bandonne iamais qu'il ne l'aye mis à bas auec
fes dents, regardant neantmoins à chafque
coup de dent fi l'arbre ne tombe point, de
peur qu'il ne l'accable de fa cheute : mais
eftant tombé, il ne fçauroit porter le bois
qu'il en tire, s'il n'vfoit de fineffe : car ayant
coupé fa charge il fe met à la renuerfe, ac-
commodant auec les dents fur fon ventre ce
qu'il a coupé,& puis fe traifne en cefte façon
& porte fon fardeau dans fa tanniere, tant
pour nourrir fes petits, que pour accommoder fa loge.

Les rets & tiffures ont efté prinfes de l'inuention des araignes.

Retournons à nos medecins, chirurgiens
& apothicaires,lefquels tiennét des animaux,
la plus grande partie de leur fecrets, & de
fait,ce font les brutes que la nature douë d'vne
fcience naturelle pour fubuenir à leurs infirmitez.

Et premierement pour tirer hors les fa-
gettes

gettes, dards & efpines, il faut prendre la leçon des cerfs, lefquels prennét le dictamnum
& le mangent, par le moyen duquel ils font
defliurez de telles incommoditez, quoy que
le dard fut enuenimé.

Les cheures fauuages ont enfeigné aux
Chirurgiens, cóme il falloit percer les apo-
ſtumes, ces animaux viuent des herbes odori-
férentes & principalement du Nard, & font
grandement fubiets aux apoftumes, lefquels
venus à maturité font leur operation en ceſte forte, ils font le chois de quelque pierre
bien poinctuë, contre laquelle ils fe frot-
tent auec vn tel contentement, que par la
continuation de cefte friction, ils percent
leur bubon, & en font fortir le jus, iufques à
ce que l'ouuerture ne rend que le fang tout
pur.

Le ferpent nous a enfeigné comme il faut
guerir le mal des yeux, & de faict quel mal
qui luy arriue aux yeux, il n'vfe que du fe-
noüil, auec lequel il fe guerit. Pour les playes,
il vfe de la ferpentée ou colubrine, & de la
confolide, d'où les chirurgiens & medecins
ont appris l'experience.

Pour conforter la veuë, les chats vfent de
la valeriane.

Les hirondelles vfent de la chelidoine ou
efclaire pour la mefme maladie.

Le cheual marin nous a enfeigné les fcari-
fications & ouuertures des veines, d'autant
que fe fentant trop chargé de nourriture, il
remarque quelque endroit, où il y aye quantité

tiré de roſeaux , contre leſquels il ſe frotte
iuſques à ce qu'il aye fait ſon ouuerture , laquelle il cloſt auec vn peu de bouë, ſi toſt
qu'il cognoiſt auoir aſſez tiré de ſang.

Les ours ont vne autre inuention pour guerir l'hebetude des yeux : car ils ſe ſeruent de
l'eſguillon des mouſches à miel pour lancet-
re , & par ce moyen ils ſoulagent leur mal.

Les cheures ſe ſeruent d'vn ſemblable remede pour les yeux : car ſe ſentans atteintes
du mal des yeux, elles s'en vont contre vn
buiſſon choiſiſſans quelque eſpine bien ai-
guë contre laquelle elles remüent l'œil iuſques à ce qu'elles ſentent qu'il eſt picqué, de
laquelle picqueure le phlegme ſort à l'inſtant
ſans aucune leſion de prunelle, & par ce
moyen elles recouurent la veuë.

Les cheuaux d'Hongrie ne mettent pas
tant de façon pour ſe deſcharger du ſang : car
ſi toſt qu'ils ſe ſentent trop peſans ils s'ou-
urent la veine auec leur propre dents.

Les clyſteres ont eſté enſeignez par ceſt oy-
ſeau d'Egypte, que les latins appellent Ibis,
lequel ſe ſert de ſon bec pour ſyringue.

Le heron en fait de meſme , lequel ſe purge auec d'eau ſallée de la mer , il en rempliſt
ſon gouſier, & par apres il met le bec dans
ſon fondement, ſoufflant l'eau dedans, laquelle luy ſert de clyſtere.

D'où

D'où nous auons l'vsage des vomitifs & cathartiques.

Vant à l'vsage des vomitifs il nous a esté donné des chiens, lesquels estans malades mengent du grame, lequel a la force de les purger non seulement par vomissement, ains encor par le bas.

Le laro oyseau aquatique a vne autre methode, pour se purger : car se sentant l'estomach trop chargé il cherche quelque arbre auquel il puisse treuuer deux branches fort proches l'vne de l'autre, & puis se met au milieu des deux, & passe par force ce qui le contrainct de rendre ce qu'il a dans son estomach.

Le corbeau oyseau insatiable, lors qu'il a prins sa refection sur quelque cadaure, s'entant que les facultez digestiues n'ont pas assez de chaleur pour en faire la concoction, se va aussi presser entre deux branches d'arbre, comme le susdict, ou bien entre deux pierres ou roche fenduë, & par ce moyen il fait sortir les excrements, tant par la partie interieure, que par la posterieure, desquels il ne demeure dans son corps que l'humeur alimentaire, ou pure substance, ce qui cause qu'il vist plus qu'aucun animal qui soit au monde.

Les colombes, geays, perdrix, & merles,
purgent

purgent la melancholie , auec des fueilles de
laurier, & autres remedes à eux cogneus.

Par les mefmes fueilles les corbeaux fe gueriffent du venin du cameleon.

Les bifches fe purgent auec l'herbe appellée fefeli , auant que faire leur petits.

Les finges nous ont donné la cognoiffance
du poulx : car fi toft qu'ils recognoiffent la
mort prochaine de leurs compagnons (ce
qu'ils font par leur touchement du poulx) ils
le manifeftent incontinent aux autres , outre
ce ils le cognoiffent par le fouffle des nari-
nes , lefquelles font vn bruict inufité à tels
animaux.

Les Iurifconfultes fe reffentent encore du
bien fait, & de la doctrine des animaux, d'autant qu'ils ont appris la punition de l'adultere par les cigoignes & lyons. Ie ne me contente pas du feul tefmoignage de *Guillelmus
Parifienfis* en fon hiftoire : car i'ay appris par
vn homme fort digne de foy ἀυλυψία , qu'vne
cignoigne ayant efté conuaincuë d'adultere,
par le feul odorat du mafle, fut defplumée,&
mife en piece proche de la ville de Spire : car
le mafle ayant fait vn amas d'autres cigoignes , leur reuela la faute de fa femelle , laquelle (comme i'ay dict) trouuée criminelle
fut par le commun confentement des autres
condamnée & defmembrée ; cela femble quafi hors de creance,fi la fage antiquité ne nous
fourniffoit affez d'exemples fuffifants pour
manifefter la verité d'vne chofe indubita-
ble.

Les

Les Philofophes Hermetiques & Chymiques ont appris la façon de renouueller la ieuneſſe des Alcyons, Aigles, eſcreuices, ſerpents, cerfs, &c. leſquels tous les ans ou du moins apres quelque temps ſe deſpoüillent de leur vieille peau, ſi bien que par ce moyen ils ſe monſtrent plus gays & ieunes qu'ils n'eſtoient auparauant. Il n'y a point de doubte, que cela eſtant donné par la ſage nature, aux animaux, ne puiſſe eſtre donné auſſi aux hom- & auec plus de raiſon, d'autant qu'il eſt la vraye image de Dieu.

L'Aigle ayant quitté ſa vieille plume, reprend ſa ieuneſſe, & quitte auec ſes deſpoüilles ſa peſanteur & vieilleſſe.

Perſonne n'ignore que les Serpens quittent leur vieille peau à l'arriuée du prin-temps.

Les cerfs ſe ſeruent des ſerpens pour quitter la vieilleſſe auec leur poil.

Ie ſuis bien aſſeuré que les hommes leſquels ont couſtume de manger des ſerpens ſe maintiennent plus frais & plus ſains, que les autres. Ce que nous enſeignent les ſuſdicts animaux, & autres leſquels n'ont eſté nommez; car ſi ceſte qualité leur eſt propre, pourquoy ſera elle contraire aux hommes, ſi vn Cerf chargé de vieilleſſe ſe remet en adoleſcence par le moyen d'vn ſerpent qu'il deuore l'ayant attiré par ſon ſouffle & trepignement des pieds, il n'y a point de repugnance que le meſme ne puiſſe arriuer à l'homme, qui a toutes les qualitez en vn de-

gré

Les elements meſmes ayans quitté leur grande robbe ſemblent en quelque façon ſe renouueller, de meſme la nature ayant quitté les deſpoüilles ſemble auoir reprins vn air tout nouueau.

Les eſcreuiſſes ſe renouuellent par le moyen des grenouilles.

Les poulets pour manger ordinairemét des araignes.

L'aigle par le moyen de la tortuë.

Les ſerpents en mangeant des crapauts.

Le cerf a la faueur des ſerpéts qu'ils deuore : car eſtant abouché contre la cauerne des ſerpents, reſpire & ſouffle en telle façon qu'il contrainct le ſerpent de ſortir lequel ne mãque à l'inſtant d'eſtre deuoré.

De meſme façon fait le verdier ou

gré encor plus noble que toutes les brutes, & de faict il s'est trouué vne grande quantité d'hommes lesquels meus par la prudence de ces animaux, ou par le desir de prolonger leur vie ont esté curieux d'espier en qu'elle façon ils se pouuoyent soulager eux mesmes, & donner remede à leurs infirmitez, remarquant le procedé des animaux, & les herbes desquelles ils se seruoient pour medicament, dequoy ils ne se font iamais repétis, ains par l'experience qu'ils en auoyent veu l'ont manifesté aux autres, affin que chascun s'en peut seruir en sa necessité.

Rogericus Bacchon racompte qu'il cherchoit vne fois vn serpent pour contenter sa curiosité en quelque recherche qu'il faisoit, l'ayant trouué qu'il le descouppa en petites pieces sur le dos (laissant le bas du ventre entier, sur lequel il se traisnoit) mais l'ayant lasché, que le serpent tascha de se traisner auec vne peine indicible iusques à ce qu'il fit rencontre d'vn certain simple, contre lequel il se frotta, & par ce moyen il guerit de ces blesseures, d'où Bacchon colligea que ceste herbe deuoit estre tres-bonne pour les playes & qu'il n'y auoit point d'autre meilleure voye que celle-là, que la sagesse de ce serpent luy auoit enseigné.

Pour ce qui est de nostre derniere resurrection, outre l'asseurance que nous en auons dans la saincte Escriture, les animaux nous fournissent des exemples assez suffisants pour le tesmoigner, outre lesquels la fourmy, & le ver à soye, tiennent le premier rang, ie passe sous silece l'alcyó qui se nourrit des premieres essences, renouuellant sa peau & sa plume tous les ans apres sa mort, les mousches & chauues-souris le tesmoignent aussi, lesquelles ayans demeuré tout l'hyuer, comme enseuelies semblent ressusciter au Prin temps par la faueur de la temperature de l'air.

La fourmy sage & prudente entre tous les autres animaux, a ce don de la nature, de sçauoir qu'apres son aage, elle doit arriuer en vn meilleur estat; c'est pourquoy elle y tend de tout son courage, affin qu'apres tant de trauaux elle se puisse mettre en repos. Ce qui luy est facilement accordé par la mere nature, comme en recompense de ses labeurs passez, laquelle sur ses vieux iours luy fait present de deux aisles, & par ce moyen d'animal rempant la metamorphose en mousche volante, luy permettant de se reposer, & donner trefue à ses peines.

Nous voyons arriuer le mesme aux vers à soye lesquels esclos d'vne petite semence, sortent en vermisseaux, mais ayant acheué leur cours naturel, & pourris dans la peau de ver, la nature les faict comme ressusciter en petit papillon blanc le recompensant par ce moyen de son trauail passé. Quant à moy ie me suis estudié dans la briefueté de pouuoir manifester les secrets plus cachez de la nature, à ceux lesquels seront curieux de les sçauoir, lesquels ie supplie de bon cœur les auoir en recommandation, & à mon exemple s'y

s'y profonder d'auantage, car ayant atteint
le but de leur intention ils en receuront vn
contentement nompareil esmerueillé des li-
beralitez de la nature ; il est bien vray qu'en
ce lieu icy ie n'ay faict que frayer le chemin,
toutesfois ç'a esté auec autát de fidelité, que
d'affection que i'ay de seruir tout le monde.
Quant aux signatures ie me contente de dire
en passant que celle de nostre premier pere
Adam se retreuue au froment, ne plus ne
moins que les mysteres de la vierge a la cou-
pe artificielle de la vigne, que l'aigle à deux
testes & autres mysteres a la racine de la feugiere coupée diuersement, que la foudre aux
racines de l'vne & l'autre victorialle cucillie
en certain temps, ie ne veux pas oublier
l'herbe appellée cruciata laquelle resiste aux
forces des armes, estant neantmoins tous signes magiques & naturels cogneus aux seuls
amateurs d'icelle, ie ne veux passer plus outre
affin que ie ne donne matiere de risee aux so-
phistes, & aux ames noires de mal penser, car
cela estant ie serois frustré de mon dessein
veu que ie n'espere ny desire que de contenter ces beaux esprits, si toutesfois ie voy que
ce petit traicté soit veu de bon œil ie tascheray d'en mettre d'autres en lumiere lesquels
pourront donner beaucoup plus de contentement & proffit, car i'espere de faire voir en
brief ce qui est de la curation magnetique,
Magique naturelle, & caracteristique.
  Secondement en quel temps & constella-
              tion

tion les medicamens doyuent estre faicts &
cueillis.

Tiercement la maniere de curer les enchantemens, & malefices , & la cognoissance
d'iceux.

Quartement *d'euprasies* la preuue de plusieurs maladies auec la certaine cognoissance
& preduction de la mort, ou santé future des
malades.

Amy lecteur c'estoit l'intention de nostre
Crollius si Dieu ne l'eust voulu loger en son
Paradis, ne voulant permettre que les hommes se rendissent orgueilléux de ceste belle
science, laquelle leur eust faict oublier le culte & honneur qu'ils luy doyuent.

Sed ne nimium Crolli.

Car des lieux plus voisins les cabanes fu-
    meuses
Noircissent de leur fard les forest ombra-
    geuses
Et jà les plus hauts monts des bergers le
    deduict,
Nous priuants du Soleil font la court à la
    nuict.

C'est donc à toy tout puissant auquel nous
auons l'obligation de tout ce que nous auons
peu en ceste mortelle nauigation, veu que ce
n'a esté que par ta faueur, nous estant impossible seulement de respirer sans toy , c'est toy,
qui nous conduicts au port & vray haure de
                                    salut

falut, c'eſt à toy auquel en eſt deu l'honneur
& loüange, en fin c'eſt de toy que nous at-
tendons noſtre derniere vie ; & repos, de toy
veu que c'eſt de toy ſeul duquel la vraye &
celeſte lumiere procede, c'eſt à toy qui és   Eccleſ. 12.
aſſis ſur le throſne diuin auec l'Agneau ſans   ſeĉt.13.
maculé duquel la miſericorde eſt incompre-
henſible, à toy donc ſoit loüange, à toy l'a-   Aĉt.10.ſeĉt.14.
ĉtion de graces & benediĉtion, te ſuppliant   Ezech.18.
par ta bóté & charité ineffable que tous ceux   deſpuis la ſe-
leſquels taſcheront de prendre vne nouuelle   ĉtion 5. iuſ
façon de viure par vne continuelle mortifi-   ques à la 10.
cation, ou pleniere abnegation d'eux meſmes,
ambraſſant de cœur & d'affeĉtion la ſainĉte   Mich.6.ſeĉt.8
voye de tes commandemens, & taſchans de   Hiob.1.ſeĉt.1.
s'acquiter de leur deuoir enuers le prochain   Zach 8.ſeĉt.
par la faueur de ta treſ-ſainĉte grace (ſi tou- 16. 17.
                                                 Sirac. 2. ſeĉt.
tesfois on la peut meriter en ce miſerable   17.chap.10.
ſejour) puiſſent iouïr du fruiĉt de leur la-   ſeĉt.25.
beur, en la compagnie des bien-heureux auec
leſquels tu vis au ſiecle des ſiecles, Amen.

COROLLAIRE.

LEs anciens Philoſophes, que nous appel-   Voy la monà-
lons Sages, ayans treuué quelques ſecrets   de ou vnité
deſquels la cognoiſſance eſtoit aſſez difficille hieroglifique
& obſcure, quoy que les effeĉts en fuſſent ad- de Ioannes
mirables, taſchoyent de les obſcurcir par le   Dee de Lon-
moyen des caraĉteres, & c'eſtoit affin qu'ils   dres.
ne vinſſent à la cognoiſſance des ames deſeſ-

                  perées,

perées ; A ces sages Philosophes se sont voulu mouler les hermetiques , lesquels n'ont
apertement d'escrit les planettes terrestres,
ains les ont signifiées par certains caracteres
desquels ils donnoyent apres la cognoissance
à leurs enfans, les rendans seuls capables d'en
recognoistre les vertus & proprietez, toutesfois pour retirer ces signes & caracteres des
tenebres de l'ignorance, ie les ay mis icy
auec le reste des mineraux, en faueur de ceux
lesquels vrays amateurs de la science Chymique tascheront d'en distribuer le contentement & proffit à leur prochain pour l'honneur de celuy duquel i'en tiens la cognoissance qui est immortel, impassible, incomprehen-
sible, & iuge de nos actions tant bonnes que
mauuaises.

En fin c'est celuy là qui de son trosne sainct
Peut lire dans nos cœurs & le vray & le feint.

Notes ou caracteres des metaux.

Saturne	Plomb		Samedy
Iupiter	Estain		Ieudy
Mars	Fer		Mardy
Soleil	Or		Dimanche
Venus	Cuiure		Vendredy
Lune	Argent		Lundy
Mercure	Argent-vif.		Mercredy

Notes des mineraux & autres choses chymiques.

Antimoine

Arsenic

Orpigment

Alun

Aurichalcum

Atramentum

Vinaigre

Vinaigre distillé

Amalgame

Eau de vie

Eau fort ou eau sepa-
ratrice.

Eau royalle ou Stigia.

Alembic

Borax

Crocus martis

Cinabre d'assur

Cire

Crocus

Crocus veneris ou
Airain bruflé
Cendres
Cendres clauellees

Chaux

Chef-mort ou maffe
    morte
Gomme

Brique eriblée ou farine
    de tuiles
Lutum fapientiæ

Marcafita
Mercure fublimé

Mercure de Saturne

Bain Mariæ
Aymant
Huille

Realgar
Purifier
Sel petre
Sel commun

Sel armoniac

Sel Alkali
Soulphre

Sel gemmé.

Soulphre des philosophes

Soulphre noir.

Sauon.

Esprit.

Esprit de vin.

Sublimer.

Stratum super stratum.

Tartre.

Tutie.

Talcum.

Tuille tigillum.

Vitriol.

Verre.

Vrine.

Notes des quatre elements, du iour & de la nuict.

Du feu.
De l'air.
De l'eau.
De la terre.
Du iour.
De la nuict.

Hhh 4 DEVX

DEVX

TABLES

POVR LE LIVRE
DES SIGNATVRES.

La premiere demonstre toute l'œuure par
ordre, selon qu'elle est dans
le liure.

Du

Les signatures des maladies,

De

Les

Les

FIN.

SECOND INDICE

DES MATIERES PRINCI-
PALES, CONTENVES AV
liure des Signatures, par ordre
Alphabetique.

A.

Amis

B

Boulcau

D

F

G

Galles

T A B L E.

H

L

Meur

N

O

P

Q

R

T

Ton

Y

F I N.